培訓叢書 ㊶

U0034509

企業培訓遊戲大全（增訂五版）

李德凱　陳文武　編著

憲業企管顧問有限公司　　發行

《企業培訓遊戲大全》增訂五版

序　言

　　本書是 2021 年 11 月增訂內容第五版,這是一本專門針對「如何透過培訓遊戲而提升企業員工培訓績效」的工具實務書,書內所使用的培訓課程專用遊戲,特別適合企業的培訓部門、人力資源部門、培訓師參考引用,此書上市後,備受好評,深受企業界、培訓師喜愛。

　　早期的培訓方法,著重在技能的講授,可能會使得培訓工作變得乏味、緩慢、低效率。最新的培訓方法,則是**藉助於各種精心設計的培訓遊戲,將培訓重點藉著遊戲而貫注於學員身上。**

　　「培訓遊戲」是從案例教學討論中發展而來的。在國外,這種培訓通稱為「做中學」(learning by doing),單純的講課方式已很少採用,而是讓受培訓者走出工作室,在相對集中的一段時間內參與各種遊戲,在遊戲中培養正確心態。

　　遊戲,也許有人對它嗤之以鼻,認為「不能登大雅之堂,是小孩子玩的東西」,但是「培訓遊戲」在企業培訓工作上佔有舉有足輕重的地位:

```
┌─────────────── 培訓遊戲的特性 ───────────────┐
│                                                │
│  ·《培訓遊戲》帶來多樣化，增添學習樂趣。       │
│  ·《培訓遊戲》還帶來互動，提升培訓績效。       │
│  ·《培訓遊戲》帶來瞭解，有深刻的學習效果。     │
│  ·《培訓遊戲》帶來溝通，加強雙方的瞭解。       │
│                                                │
└────────────────────────────────────────────────┘
```

　　越來越多的企業，培訓工作都爭相採用「培訓遊戲」，主要就是各種培訓遊戲其內容豐富，形式多樣，培養學員對課程產生了濃厚的興趣，促進了其學習的積極性。

學習方式	觀眾的行動	記憶百分比
演講	聽	10%
演講及示範	聽及看	25%
測驗	聽、看、讀、寫	45%
角色扮演、研討、遊戲、模仿	聽、看、讀、摸、做	85%

　　「培訓遊戲法」是當前一種較先進的高級訓練法，培訓遊戲先透過讓學員完成一些帶有趣味性、風險性的活動，讓學員體會娛樂和戰勝挑戰後的成就感，認識到個人的潛力，從而提高其面對工作中新挑戰的自信心。另外，培訓遊戲經常以小組活動的方式進行，同甘其苦、團結互助的經歷，對提高團隊精神和合作意識具有積極的作用。

　　憲業企管顧問（集團）公司 26 年來，為企業提供駐廠輔導，企管培訓教育等工作，本書《企業培訓遊戲大全》增訂五版，獲得憲

業企管顧問公司的培訓部門眾講師協助，篩濾掉較不方便授課之培訓遊戲或相關故事，使得本書更精彩。

　　本書是憲業企管顧問公司在針對培訓企業工作時，常使用的一些培訓遊戲項目，2021 年 11 月增訂五版，增加了更多有趣的培訓項目，刪掉了一些互動較困難的戶外大型培訓遊戲。收集了推理能力、創新能力、溝通能力、團隊合作能力、激勵能力、領導能力、學習能力、體能素質、執行力、團隊信任、競爭能力、解決問題、情商管理……等各類培訓遊戲，我們深信，透過這些通俗易懂、互動性強的培訓遊戲，必可強化培訓學員的心態，激發學員的管理能力，提升學員的專業技巧能力，學員可在短期內提升工作績效！

2021 年 11 月增訂五版

《企業培訓遊戲大全》 增訂五版

目　錄

第 一 章

情商管理培訓遊戲

1 遊戲名稱：首先要瞭解自己

主旨：
瞭解自己留給別人的印象。藉著遊戲來瞭解別人對我的評價。

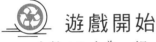 **遊戲開始**

人數：5人為一組

時間：20分鐘

材料：每人一張卡片

場地：不限

遊戲步驟

1. 5 個人坐成一個圓圈，主持人發給每人一張印象卡片。

2. 每個人在自己的印象卡片上寫上自己的名字、自我評價。

3. 每個人都把自己的印象卡片交給坐在自己左邊的人。

4. 每個人都拿到了一張別人的印象卡片，在卡片背後的任意位置寫上自己對這個人的第一印象。

5. 寫完之後，再次將卡片交給坐在自己左邊的人。以此類推，直到每個人的印象卡片又回到自己手中。

6. 每個人都可以看見別人對自己的印象如何，並展開討論。

 ## 遊戲討論

這個遊戲主要是為了幫助我們瞭解自己在別人眼中的印象如何，看看別人眼中的我們是不是和我們自己設想的一致。瞭解之後，就可以考慮是否應作出相應的改變，從而去完善自己。如果發現別人對自己有誤解，那麼可以考慮相互溝通一下。在拿到自己的卡片之後，可以做如下討論：

1. 每個人先說說自己對自己的印象，然後再描述一下卡片上別人對自己的印象，並作簡單的對比。

2. 當看到別人對自己的印象時，自己是否感到驚訝：為什麼別人眼中的自己與自己眼中的如此不同？

2 遊戲名稱：每一個人都有不同個性

主旨：

認識自己的性格特徵。

 ## 遊戲開始

人數：團隊參與

時間：30 分鐘

材料：印有各種星座圖案和星座性格特點的掛圖

場地：室內

 ## 遊戲步驟

1. 主持人將 12 星座掛圖掛成一排，並且使圖與圖之間相隔 1 米。

2. 請每位參與者站到自己的星座掛圖前面。

3. 主持人介紹一個星座的性格特點，然後請該星座的參與者依次介紹他們自己的性格，並請所有人談談他們對每個人的性格的印象。

4. 依次進行完所有星座後，展開討論。

 ## 遊戲討論

遊戲結束後，可做如下討論：

1. 你的星座特點與你本身的性格特點相符嗎？

2. 你的行為方式是否受到星座特點的影響？

3. 你自我認識的性格特點與別人眼中的你有什麼區別？

3 遊戲名稱：必要時，要表達和解

> **主旨：**
> 讓參與者體驗主動和解流程，增強自我尊重感。

遊戲開始

人數：常設團隊、獨立團隊、一對一輔導

時間：35 分鐘以上。具體時間依據參與人數，以及每期輔導間隔中參與者的工作時間而定

材料：

· 「主動表達和解」材料

· 筆和紙

場地：不限

遊戲步驟

1. 提供紙和筆。

2. 分發材料。告知參與者這是一項「原諒」與「和解」的訓練活動。訓練活動難易程度因人而異，但表達歉意和修復關係是常見且共有的人類行為。既然他們在選擇要處理的事件，或者這個步驟只是一種假設，總的來說，他們應該能夠很好地應對這種緊張局面。建議參

與者保持樂觀。提醒他們，一旦對情況有了新的認識，他們很容易做出改變。

3. 要求參與者舉出，人生中他們曾傷害或冒犯過對方，因而希望修復關係的三段經歷，並按照實現和解的難易程度進行排序。

4. 要求參與者閱讀材料的步驟 1，然後從難度最低的事件開始，要求他們寫下最想對尋求諒解的人說的話，並寫下現實中期待得到的回應。

5. 解釋，這個訓練活動讓參與者深入思考與對方的情感交流及其原因，而對方仍可能感到這種傷害無法彌補。的確，事已發生，無法改變，但事實所代表的意義卻能夠改變。（要求參與者運用這種方法思考其他兩個事件，若時間允許，隨堂進行，反之，事後自行展開。）

6. 鼓勵參與者按照上述步驟，完成這些對話。提醒他們，人們對自我的認知多數基於受到不公平待遇的經歷，因此一旦情感能量得以釋放，對方可能會產生強烈的情感反應。

7. 現在，要求參與者閱讀步驟 2，列舉使其受傷的三件事，並以相似方法展開。

8. 5～10 分鐘內，寫出訓練活動中的學習，再次鼓勵參與者按照步驟完成這些對話。

9. 若時間允許，且你願意的話，透過提問下列類似問題，要求參與者分享他們的想法：

- 請求原諒和做出諒解，那個更難做到？
- 對他人觀點產生興趣對這項訓練活動的順利完成有多麼重要？

 遊戲討論

參與者要重溫兩個情境：傷害了他人的情感或損害他人的利

益;自己受到了傷害。努力尋求解決上述兩個情境的最佳解決方法。
此方法同樣適用於一對一輔導。

◎附件——「主動表達和解」的材料

　　人們會從和解流程中受益,因為「罪惡感」和「被拒絕」兩種
感受會影響我們的生產和生活。仔細觀察,你就會發現這兩者是同
一個問題的兩個方面。選擇不原諒他人,就會在自己和他人之間設
置無法逾越的障礙。無論我們的拒絕看上去多麼合情合理,但我們
會因為拒絕他們而心感愧疚,正如他們因傷害了我們而感到內疚一
樣。當這類心理負擔得到釋放,自我尊重必定會得到提升。

　　〈步驟 1〉

　　首先,尋求你曾傷害或冒犯過的人的諒解。顯然,真心誠意地
表達歉意至關重要,但這並非表示你要卑躬屈膝,請求原諒。重要
的是,你應處於適度自我尊重的狀態。這樣,對方才會認為他是在
和真心希望彌補兩者關係的個體打交道。在與他人接觸過程中,如
果對方感到你傷害了他,他揭示你的弱點(而非像經常表現的那樣急
於掩飾)是最佳的防禦方法。

　　告訴對方,事後你一直對此事進行反思,認為是時候該努力解
決此事了。告訴對方,你想表達誠摯的歉意,請求對方原諒你做過
的(或者對方說你做過的)行為。有時,人們可能仍然難平心中的傷
痛,仍持敵意和怨恨,以致要求你承認你從未做過的事情。這再也
不是一個關於誰對誰錯的爭吵。真心誠意地、一字不落地說:「我從
未做過那件事,但如果你認為那是事實的話,希望你給予更大的諒
解。」

　　如果對方願意接受,事態發展會輕鬆順暢。如果對方拒絕接
受,你就要表達對其態度的理解,希望能夠做些什麼促使雙方關係

重新開始。十有八九，對方會欣然接受。在此後的接觸中，你將盡心盡力做到最佳。但此時，注意不要因為對方沒有接受你的邀請而開始輕易做出判斷並指責對方。他們同樣也盡力了。否則，你剛剛營造的良好開端會因雙方的行為而進一步延緩。牢記，我們的身份認同和自我認知，多數基於我們受到的不公平待遇的經歷，因此，隨著這種能量模式的溶解、釋放，雙方均可能做出一些強烈的情感反應。

〈步驟 2〉

步驟 2 是原諒以某種方式傷害你的人。這有一些難度，因為如果你徑直走到許久沒有對話的人的面前，說：「我原諒你對我所做的惡事！」這更多地像是一種新的指責，而非真誠的諒解。

事實上，如果像你請求他人諒解的那樣做，事情會進展得更加順暢。跟對方說，你一直在考慮結束這種狀態的方式，你希望儘量使雙方關係進入更佳的平衡狀態。的確，事實無法改變，但它對彼此關係的影響肯定能夠改變。

不管表達與否，對方最大的顧慮就是你是否仍責怪他們的所作所為。然而，如果你保持開放、客觀的態度和姿態，彼此之間的障礙很容易排除。不管是坐著還是站著，雙手放鬆，搭在胸前，目光柔和地看著對方，身體呈現出些許疲憊，表現出你已疲於承受這件事情。

這種公開的非言語暗示容易讓對方與你進行深層次交流，輕鬆表達對此局面的感受。再次談論這些事情有助於引導對方表達尋求原諒的意願。

為營造輕鬆的交流氣氛，你要向對方傳遞兩個有力的信息：「我不喜歡我們之間的尷尬局面」和「要是這種局面一直存在，我們雙

方會失去一些寶貴的東西」。

如果對方願意表達他的真實想法，並願意進一步培養雙方的關係，你就可以坦率地回答：「他傷害了我，但我一直在努力降低這種傷害，我不想像過去那樣深受此事的困擾。」這樣，你將真誠坦白地傳達你的諒解。

書面完成每一個對話的準備任務後，反思你的學習，你對自己、自己的優點和缺點有何認識。按照要求，堅持完成對話，看看每個人感覺有多好！

4 遊戲名稱：克制情緒的衝動

主旨：

學會如何克制衝動，積極應對壓力。

· 理解導致衝動的原因

· 學會緩和衝動的具體方法

 遊戲開始

人數：常設團隊成員、獨立團隊成員、一對一輔導

時間：20 分鐘

材料：

· 「緩和衝動」材料

· 筆和紙

場地：室內

遊戲步驟

1. 分發「緩和衝動」材料，和參與者討論如何控制衝動。

2. 指導參與者體驗材料介紹的「三步走」流程。

遊戲討論

本訓練活動可以更深入地理解人們為什麼衝動行事，並提供一種簡單的方法讓你採取衝動行為之前，馬上停止。

◎附件——「緩和衝動」材料

衝動控制有時被稱為情商的「剎車」，因為這種技能可以制止我們做出不該做的行為。理解最初驅動我們採取行為的原因是控制衝動的最關鍵能力。從人性的最基礎層面——生物性上講，人類更像電腦，硬體在軟體控制下操作運行。身體上的所有結構、所有組織和器官系統組成了硬體。這些硬體在兩種軟體的操作下運行。作業系統和引導磁片指令對個體的作用多少有所不同。在遺傳因素影響下，形成反射、本能和驅動力等。眨眼、肌肉收縮，痛苦、驚訝或恐懼時，我們喘息或放聲大哭；寒冷時，我們渾身顫抖。這是反射作用的例子。為滿足生理需求或進化需求，人類在本能或驅動力的作用下，吃、喝、保暖和繁衍後代。

我們一出生，這些指令要麼已經運行，要麼隨著我們呱呱落地開始運行。隨後，更複雜、更重要的程序開始運行。我們的個人軟體發展項目題目為：「學會如何生存。」當然，這包括學會走路、講話、意志等基本技能。還包括學會什麼至關重要，追求什麼，迴避什麼，以及努力獲得或避免的適宜行為。牢記，情緒就是價值觀的

體現，即價值象徵和傳遞的情緒。對於兒童，學習分享的重要意義在於當你希望得到某事物時，控制佔有的衝動，這樣才能真正享受它。一些人永遠學不會這一點。

這個訓練可以讓你在剛剛萌生衝動時，清楚自己的感覺系統。當你注意到促使你衝動行事的壓力和緊張逐漸增強時，注意做到下列三步：

第一，把把情緒脈搏！按照下列模式填空：「我感到＿＿＿＿＿＿＿，因為＿＿＿＿＿＿＿＿＿＿＿＿。」

第二，用鼻子深吸氣，然後用嘴巴大口呼氣。然後盡可能長時間地用嘴呼氣。隨著肺部氧氣越來越少，橫膈膜會有意識地更努力地保持呼氣。這就對了！不斷溫和地按壓胸腔，直到你感到肺部完全沒有氧氣，必須吸氣。用鼻子吸氣，自由輕鬆地呼吸。

第三，捫心自問：「這種情況下,可能發生的最佳結果是什麼？」你想到了什麼？

把情緒脈讓你形成一些現實判斷：你理解了自己的感受和產生這種感受的原因。深吸氣，完全呼氣干擾了激化和導致衝動釋放的生理動力。三思而行讓你的注意力再次擺脫衝動情緒，幫助你關注最理想的結果。儘管可能無法得到最佳解決方法，這樣做也能讓你發現你所忽略的選擇，至少你可能不會像以前那樣做出過激反應。

5 遊戲名稱：訓練如何釋放你的壓力

主旨：
消除疲勞，釋放壓力，穩定情緒。

遊戲開始

人數：集體參與

時間：5 分鐘

材料：朗誦材料（見附件）

場地：室內

遊戲步驟

參與者分散開來，面對主持者，可以站、坐、趴、躺，放鬆自由，然後聽著主持者的朗誦，跟隨主持者一起做動作：雙手於胸前合十；慢慢地深呼吸；雙手上舉至頭頂，再從兩側慢慢放下；慢慢學做一些舒展的、拉伸的瑜伽動作……

遊戲討論

朗誦材料也可以是自行選擇的類似的美文。

在這樣的遊戲中，參與者的壓力能得到緩解，這樣會給大家一個好心情。在做完遊戲後建議大家一起討論如下問題：

1. 在工作時間，你有沒有適當放鬆？是在工作場所還是在其他地

方？進行什麼種類的遊戲？次數多嗎？

2. 你應該怎樣把釋放壓力、放鬆心情的方法融入到自己的日常生活之中？

◎附件——主持人參考朗誦詞

> 輕輕地閉上雙眼，慢慢地將雙手合十，放鬆，放鬆，讓自己的身體輕鬆，舒適，自在。好，我已經放鬆了，心跳開始減慢，呼吸在加深，我真的很舒坦、很安詳、很溫柔。我慢慢地走啊，走啊，來到了小河邊。清澈的河水在嘩嘩地流淌著，對岸的小樹林子，綠綠的，小鳥在唱歌，啊，真美啊……

6 遊戲名稱：改善你的人際交流

主旨：
提問與傾聽技巧。

 遊戲開始

人數（形式）：10～20 人，2 人一組

時間：20 分鐘

材料：無

場地：室內

遊戲步驟

1. 主持人將所有人分成互不相熟的 2 人一組,告訴大家,他們將有機會當一次《超級訪問》的主持人和嘉賓。

2. 請每組的 2 人中名字筆劃多的人訪問另一人,時間為 5 分鐘,然後互換。

3. 採訪內容可以自擬,但必須包括對方的姓名、家鄉、工作和業餘愛好。

4. 採訪結束後,大家互相介紹自己的採訪對象,時間為 3 分鐘。

5. 大家評選出最佳的採訪記者,為其頒發獎品。

 ## 遊戲討論

這個遊戲旨在透過採訪過程來鍛鍊提問、傾聽和總結的能力。遊戲結束後,可以做如下思考:

1. 在採訪別人的過程中,你是否得到了自己想要的答案?

2. 你的提問和對方的提問有何不同,對方是否很樂意回答你的問題?

3. 在介紹對方時,你記住了多少內容?

4. 透過互相的訪問,你與對方的感情增進了多少?這對你今後的日常人際交流有什麼啟示?

7 遊戲名稱：保持樂觀積極心態

主旨：
保持樂觀積極心態。

 ## 遊戲開始

人數（形式）：5～10 人一組

時間：20 分鐘

材料：紙和筆

場地：安靜的室內

 ## 遊戲步驟

1. 主持人發給每人一張紙，讓大家寫上自己今天最不開心的事情。

2. 主持人將所有的紙條都收集起來，大聲地念出來。

3. 大家談談自己對別人的不幸遭遇的看法。

 ## 遊戲討論

這個遊戲的目的是讓大家透過與別人分享自己的不幸遭遇，一方面釋放自己心中的煩惱和不快，另一方面認識到自己並不是那個唯一不幸的人。每個人都有自己的煩惱，所以我們遇到的不順利、不開心的事情其實不算什麼，這樣就幫我們恢復了積極樂觀的心態。

┌─────────────────┐
│ 培訓師講故事 │
└─────────────────┘

認識你自己

　　教授每次開始講第一節課，都會先跟學生們講一個古希臘的神話故事——斯芬克斯之謎：

　　庇比斯城的人民得罪了天神，天神十分惱怒，就降下一個名叫斯芬克斯的女妖怪來懲罰庇比斯城的人民。斯芬克斯獅身人面，上半身是一個美女，下半身卻是獅子，她的背後還長著翅膀。她就蹲在庇比斯城必經的道路上，向庇比斯的過路人講一個謎語，如果過路人猜不出來就要被吃掉：「是什麼東西在早晨的時候用四隻腳走路，中午的時候用兩隻腳走路，而晚上的時候卻用三隻腳走路，而且當這個生物腳最多的時候，正是他的力量最弱、速度最慢的時候？」面對這個深奧費解的謎語，過路的行人沒有一個能猜中的，全都被吃掉了。

　　這時，一個聰明又勇敢的叫俄狄浦斯的年輕人聽說了這件事情，主動要求會見女妖。見到了斯芬克斯之後，俄狄浦斯回答道：「這個謎語的謎底是人。如果把人的一生濃縮為一天，那麼在早晨的時候，他還是個嬰兒，用四肢爬行；而到了中午，他就長成了一個壯年人，可以用兩隻腳走路；而到了人生的晚上，他已經變成了一個老年人，需要借助一根拐杖行走，所以是三隻腳。」俄狄浦斯答對了，斯芬克斯也因為羞愧墜崖而死。

　　每當講到這裏，教授就會感慨地說：「『斯芬克斯之謎』對今天的人們來說已經不再是難題了，可是人還是最難瞭解自己。因為人是很難看清自己的，所謂『當局者迷』。可是只有真

正地瞭解自我，瞭解自己的能力和缺陷所在，瞭解自己內心對於生活和事業的真正的需求與渴望，才能在人生的路途中明確自己的方向，領悟生命的要義，感受生活的真諦。人生的路崎嶇坎坷，沒有人能夠一帆風順，也只有認清了自己，才能在面對挫折和委屈的時候，忍耐下去，不覺得懊悔，活出自我。」

教授告訴學生們，如果一個人想在一生中有所建樹，首先就要好好地瞭解自己。人最難瞭解，最難戰勝的對手永遠是自己，如果你能認識自己，你就能變得非常強大，充滿正能量。

事實上，很多上過哈佛情感課程的年輕人，後來在社會上都很有成就，據他們回憶，這與教授提醒和要求他們清楚地認識自己，有著密不可分的關係。正確地認識自己，包括認識生理上的自己、心理上的自己和社會中的自己，為自己找到準確的自我定位。然後從自我的定位出發，在生命的旅途中，找尋自己的方向和適合的東西，這樣才能在面對一次次選擇的時候，做出正確的判斷，做出最佳的自己。

┊ 培訓師講故事 ┊

培養忍耐力

林肯是美國歷史上「特別」的總統，之所以說是特別，除了因為他是美國十九世紀最偉大的總統，美國歷史上的「偉大解放者」，更是因為他出身於貧寒卑微的鞋匠家庭，在當時注重出身的年代，其入主白宮可謂前無古人。但是他卻取得了前所

未有的政績，那他成功的秘訣是什麼呢？讓我們看看關於林肯的例子。

林肯的一生是多姿多彩的一生，除了鮮花和掌聲之外，他也經歷了無數次的失敗。

22歲的時候，因為經營不當，經商失敗。23歲的時候，他競選議員，卻意外落敗。24歲的時候，他再次經商，結果還是失敗。兩年之後，他的情人意外身亡。情人的去世給了他很大的打擊，他幾乎處於精神崩潰的狀態。但是在29歲的時候，他又一次出現在競選州長的演講臺上，可是依然失敗了。10年後，林肯決定在國會眾議院中連任，再次競選，沒想到也失敗了。46歲的時候，他參選參議員，結果還是失敗，一年之後，他參選副總統，更是失敗。兩年之後，他又一次站上了演講台，參選參議員，結果還是失敗了。

這麼多失敗經歷的打擊，或許很多人早就放棄了，可是林肯沒有。他之所以一次一次在失敗後站起來，就是因為他學會了忍耐。忍耐，不是妥協，不是放棄，而是為自己積蓄更多的力量。

林肯當上總統之後，經常發表演講。在一次演講中，一位小夥子遞過來一張紙條，林肯打開紙條一看，上面寫著兩個字：傻瓜。林肯不但沒有惱怒，而是十分和藹地說：「我經常收到匿名信的，通常的匿名信都是有正文，沒有署名，可是這封信只有署名，卻沒有正文。」林肯說完這些話，台下的人都笑了。林肯則絲毫沒有受到打擾，而是繼續他的演講。林肯並非大智大慧之人，也並不是擁有什麼過人之技，他的成就，可以說是歸功於他過人的情商，其中首要因素是忍耐力，對困難的忍耐

和對他人的容忍。

　　事業的成敗依賴於情商的高低，一個人情商的高低又取決於對情緒控制的成敗。

培訓師講故事

壓力管理是造就動力

　　在麻省理工學院，實驗人員將一個小南瓜以密集的鐵圈箍住，以測試南瓜長大所能承受的壓力。起初，實驗人員認為這顆小南瓜最多能承受 500 磅(相當於 226.8 千克)壓力。但在第一個月中，這顆成長中的南瓜承受的壓力就達到了 500 磅；到了第二個月，記錄顯示是 1500 磅。當承受力超過 2000 磅的壓力後，這顆南瓜居然撐開了鐵圈的壓迫。於是研究人員又給南瓜加固鐵圈繼續記錄資料。最後，南瓜是在承受了 5000 磅壓力的基礎上才破裂的。當實驗人員切開南瓜來觀察的時候，發現這顆南瓜已經不能食用，南瓜周圍長滿了堅韌的密密麻麻的纖維。實驗人員又觀察了這顆南瓜的根部，結果發現它的根向各個方向伸展，以盡可能地吸收養分，其總長度達到了 8 萬英尺。

　　一顆小小的，原本又硬又脆的南瓜，在面對巨大的壓力時，迸發出了令人難以想像的力量。更何況是我們呢？只要我們能好好管理壓力，一定能迸發出意想不到的力量。在壓力面前，我們也可以借此充分挖掘自己的能量，永不退縮，這能讓我們變得更加強大。

　　當面臨壓力，無法躲避的我們，不妨當成一個磨煉自己的機會，積極並且勇敢地去面對，化壓力為動力。壓力並不可怕，可怕的是我們在壓力面前首先垮了鬥志。

培訓師講故事

控制你的衝動

　　著名的潘朵拉魔盒典故便由衝動所造成：傳言宙斯惱恨普羅米修士盜走天火，遂存心報復，他命令火神黑菲斯塔斯以水和土造出了一個美麗的女人，再令愛神阿芙洛狄忒賜予她讓男人瘋狂的激素，又讓赫拉、雅典娜、赫爾墨斯等傳授她各項技能，這個擁有眾神諸多優點的女人，被命名為潘朵拉。「潘」在希臘語中意為所有，「朵拉」是指禮物。「潘朵拉」，即是擁有所有天賦的女人。

　　潘朵拉這一帶著千般天賦的禍水被造出來後，宙斯令赫爾墨斯將他帶到普羅米修士的弟弟「後覺者」(即後知後覺的意思)埃庇米修斯跟前，並把潘朵拉贈給後者。生性愚鈍的埃庇米修斯接受了充滿美貌和誘惑的潘朵拉。

　　有一天，普羅米修士給埃庇米修斯帶回了一個盒子，離開前叮囑弟弟千萬不能打開這個盒子。後知後覺的埃庇米修斯自然不會去打開這個盒子，但潘朵拉卻充滿了好奇心，尤其是普羅米修士的千叮萬囑更是讓她心動不已。在她看來，一個普普通通的盒子，被藏得如此隱秘，又蓋得很緊，這幾乎是件難以

想像的事。

　　潘朵拉的衝動與日俱增。終於有一天，她趁埃庇米修斯外出的機會，悄悄地打開了盒子。頓時，裏面的災難、瘟疫、禍害、野心等等都飛了出來。在慌亂中，潘朵拉趕緊把盒子關上，結果裏面僅剩的「希望」被關在裏面，人間從此充滿災難和瘟疫。這就是「潘朵拉魔盒」的由來。

　　「衝動是魔鬼」，這句話的寓意和潘朵拉魔盒這個故事的寓意可謂殊途同歸。

┆培訓師講故事┆

情商與命運

　　英國著名化學家法拉第在年輕時因為工作壓力大，經常失眠、神經失調，身體很虛弱。為此他幾乎拜訪了全世界的名醫，也沒有治好自己的病。後來經一個朋友介紹，他來到鄉下某農莊，農莊裏住著一位極為普通的醫生，這位醫生詳細地為他診斷後，沒有開任何處方，只是給他寫了一句話：「多看看喜劇片勝過吃藥。」

　　法拉第回家之後，思索了很久，決定採納這位醫生的建議。從此以後，法拉第在緊張的工作之後，都要去劇院看滑稽戲，或者去海邊度假，調整生活狀態，以保持積極健康的情緒。兩年後，法拉第的病症全部消失了。恢復健康後，法拉第全心全意投入到科學上，最終做出了重大貢獻。

在現實生活中，每個人都會遇到這樣或那樣不開心的事情，為此有的人會大動肝火，結果把事情弄砸；而有的人則能夠有效地控制和調節自己的情緒，泰然處之，非常理智地對待這些事情，在生活中立於不敗之地。

培訓師講故事

在危急時刻要保持理智

在印度的一家餐廳裏，不知什麼時候突然鑽進一條蛇，這條蛇肆無忌憚地遊走在餐桌下。正在進餐的一位女士隱約感到桌子下有東西，她低頭一看，天那，一條蛇！但是她沒有大聲叫出來，而是一動不動地讓那條蛇爬了過去，然後她叫身邊的服務員端來一盆牛奶放到開著玻璃窗的陽台上。

在餐廳就餐的一位男士看到此情景很驚訝，因為他知道，在印度，如果把牛奶放在陽台上，只會招來毒蛇，而且在當地，毒蛇出入各種場合也是常有的事。他敏銳地意識到餐廳裏有蛇了，而且這蛇就在大廳，只是不知在那個餐桌下。

這位男士和那位女士一樣，雖然有些害怕，但還是鎮靜下來，因為他知道如果自己說「這裏有毒蛇」，必然會使整個餐廳的人慌作一團。於是，他先讓自己平靜下來，為了防止大家的腳亂動而碰到毒蛇，他幽默地和大家說：「我和在座的每個人打個賭，考一考大家的自制力，我數 300 下，這期間如果你能做到你的腳一動不動，我將輸給你們 100 盧比。否則，你們將付

給我 100 盧比。哈哈，我看你們是輸定了。」這位男士故意用激將法刺激他們。在餐廳裏的人不服氣：「我看輸的人是你吧，快點把錢準備好吧！」

之後，大家一動不動，當他數到 280 下時，那條蛇已爬到放有牛奶盆的陽台上去了，他大喊一聲，迅速把窗戶關上了。此時，那條毒蛇已被關在窗外。在座的人都驚呼起來，紛紛誇讚這位男士的勇敢與理智。如果不是這一招，這期間肯定有不少人的腳要亂動，只要碰到那條蛇，就有可能被它咬傷。男士只是笑笑，指著那位女士說：「這位漂亮的女士才是最冷靜、最勇敢的人。」

在遇到突發危機的時候，最重要的是保持冷靜，處變不驚。如果心慌了，只能亂上添亂，導致更多的錯誤。

第 二 章

溝通能力培訓遊戲

1 遊戲名稱：如何與陌生人談話

主旨：

　　善於溝通的人常有較強的表達能力和靈敏的反應能力。如何使自己與他人的對話在輕鬆的、愉快的氣氛中進行，並且使自己能從對話中得到自己想要的資訊，這是一個應該不斷提高的技巧問題。必須具備選擇能力和較強的控制能力。本遊戲要求學員在有限的對話中獲得資訊，也就是說，讓學員在交流的多種可能進行的狀態中進行選擇。

 遊戲開始

　　時間：15分鐘

　　人數（形式）：不限

　　材料準備：見發放材料

遊戲話術

現實生活中，真的不要和陌生人說話嗎？

那可真是大錯而特錯了，要知道我們可以從這些人身上獲得許多有利於我們工作、學習和生活方面的資訊呢！而且我們還可以從他們身上感受到快樂、開心等等方面的東西！

當然要和陌生說話了，而且要主動說、大膽說！下面我們將要進行的遊戲，會讓你絞盡腦汁的說，說個痛快，一直到你終於覺得可以和陌生人接觸自如為止。

 遊戲步驟

1. 選出自願者。根據參加培訓學員的人數的適當比例選出自願者若干名。

2. 將自願者平均分成兩個小組。將發放材料交給其中一個小組甲。小組甲中的每一位成員每人一份，內容不盡相同。

3. 給小組成員 1 分鐘的準備時間，然後讓其上場。

4. 從小組乙中任意邀請一名學員與甲組的上場學員搭檔。

5. 由乙組的成員開始詢問甲組成員 10 個問題，最後由乙組成員猜出分配給甲組成員的角色。注意：乙組成員不能直接提出要問的問題。例如：不能直接出現如：「職業」、「你是幹什麼的」、「你在那裏工作」等問題。小組甲的成員要儘量避免不讓乙組成員猜出自己的身份，但在小組乙沒有違反規定的條件下，必須如實回答乙組成員的問題。

6. 遊戲進行 2 分鐘後叫停。無論上場學員是否已經問完了 10 個問題，都必須猜出其扮演的角色。也就是說，學員在問話過程中思考的時間不能過長。

遊戲討論

1. 你們對場上學員的表現有什麼建議和看法？

2. 小組乙的成員在詢問時，遵循什麼樣的思路？什麼樣的對話更加有利於我們揣測對方的心理？

3. 當你在遊戲過程中逐漸看到答案時，你的心裏有什麼想法？

4. 這個遊戲是怎樣影響或者改變你對解決問題方法的看法的？你得出什麼樣的結論呢？

5. 向乙組成員：為了查清楚對方的「真實身份」，你預先設計什麼方案或者有那幾個步驟？

6. 問甲組成員？為了阻止你的對手找到答案，你有沒有設想對策呢？有效嗎？

發放材料與角色描述：

檢查員（將這種卡片發給 2～4 名學員。）

你是一家玩具公司的一名敬業的檢查員。你喜歡由你監督的開發組成員。你的工作就是將董事會做出的決議通知各個部門，監督他們的工作情況。

公司總裁（將這種卡片給 3～4 名學員。）

你是一家大型電腦公司總裁。擁有上億的資產。你是久經沙場的老手。你的工作就是對不斷變化的市場做出反應，以保持電腦公司的靈活性和競爭力。你性格和藹，但是做事相當嚴謹、固執，不易向他人妥協。

公司職員（將這種卡片發給 6～10 名學員。）

你是廣告公司策劃部的一名相當敬業的員工。你整天為公司廣告創意而辛勤地工作著。

大學畢業生（將這種卡片給 1～2 名學員）

你是一所著名大學的畢業生。你正在尋找一份合適的工作。雖然你沒有工作經驗，但你已經在一家公司實習過，有很多實習經驗。你是參加過大學社團、政治活動、慈善機構等的自願者。你對未來的工作有著美好的憧憬。你非常樂觀，願意接受鍛鍊。無論你在那裏工作，總能夠讓大家喜歡。

2 遊戲名稱：說給你聽

> **主旨：**
> 溝通能力在現代生活中異常重要。對想要溝通的對象，採取什麼樣的方式，什麼樣的技巧，決定你溝通是失敗還是成功。溝通不僅僅指我們所用的語言，更指我們的表情、動作、神情，掌握溝通技巧，與人交往起來一定會得心應手。

 遊戲開始

時間：45分鐘

人數（形式）：6（兩人一組）

場地：室內

 遊戲步驟

1. 讓參加遊戲的學員準備並熟記幾篇三分鐘左右的演講。

2. 讓學員分別舉起一個、兩個或三個手指，然後讓他們圍著屋子

轉圈，尋找另一個與自己所舉的手指數一樣的人。一旦組成對，讓他們自己看誰比較矮一點，這人就為 A。

3. 讓搭檔們互相握手並說：「我想你對下面的事不會介意，我真的認為你會感興趣的。」

4. A 將對 B 開始他三分鐘的演講。但是他們開始談的時候，B 必須轉身走開，並說：「誰想聽你的胡說八道。」

5. 在第一輪的整個過程中，B 必須在附近走來走去，重覆說：「那又怎樣？誰想聽你的胡說八道？」A 必須緊跟 B，繼續演講。

6. 第 5 項的活動，持續幾分鐘。

7. A 應該注意的是，首先不要改變演講的內容，其次要考慮一下為什麼這個演講的內容是十分重要的；B 也應該認真傾聽，然後適當地通過他的語調、面部表情、身體語言等非語言手段把這層意思表達出來。給這些小組三分鐘時間表演，到時間後叫停。

8. 現在告訴這些搭檔調換角色：B 必須開始他們的演講，而 A 在附近走動。同樣也是三分鐘時間。

9. 讓這些搭檔再一次相互道歉，並握手。然後，請他們返回各自的座位。

遊戲討論

1. 一再要求別人聽自己發言有什麼感受？有些時候發言者一定要這樣做嗎？什麼時候？為什麼？

2. 當你被忽視時，你有什麼想法或感受？你用什麼方式來表達你的發言？

3. 發言人會遇到聽眾認為他們的說法不切題的情況？你認為什麼會發生這種情況？

4. 如果發言人對自己的演講內容注入了自己的情感，是否會帶來

不同的效果？有什麼不同？

5. 我們總是希望自己的話能打動聽眾，能贏得聽眾的共鳴，但掌握溝通的要領才是致勝的關鍵。

3 遊戲名稱：如何離開荒島

主旨：

現代社會常由於快節奏的生活以及各方面的壓力，使得人與人之間的交流機會減少，關係也變得越來越疏遠，當我們從事某一特殊職業，如推銷員、業務員、管理人員等，擅長溝通的能力就變得異常重要，良好的溝通能力可為工作的成功贏得一半的機會。

 遊戲開始

時間：不限

人數(形式)：12 人(分組進行)

材料準備：六張面具分別代表不同的角色。

 遊戲話術

意外災難令人防不勝防，令人害怕。對於飛行災難的突然發生，個人會感到無能為力，也不可能作什麼特別準備。飛機失事後能存活的希望是很小的，這不僅是因為飛機失去控制後極容易爆炸，而且因為即使你死裏逃生，還會有意想不到的危難在等著你。現在我們就一

起體驗一下逃離死亡的感覺。

 遊戲步驟

　　隨意挑選六個學員，對他們進行角色分配：

　　1. 孕婦：懷胎 9 月，即將孕育出小生命。

　　2. 發明家：正在研究新能源(可再生、無污染)汽車，這種汽車可使人類擺脫能源污染，保護生態環境。

　　3. 醫學家：經年累月研究艾滋病的治療方案,已取得突破性進展。

　　4. 宇航員：即將遠征火星，尋找適合人類居住的新星球。

　　5. 生態學家：負責熱帶雨林搶救工作組。

　　6. 流浪漢：沒有固定職業。

　　給他們有限的時間(約 3 分鐘)來定下自己大致的理由，以此來理清自己的「辯護思路」。

 遊戲討論

　　1. 認真聆聽別人的話，記住別人的想法，這樣別人才會相信你，才會讓你去求救。由此可見，聆聽表達同樣重要。

　　2. 根據學員的表現評價：好的表達/壞的表達

　　3. 怎樣才能用語言文字闡明自己的觀點、意見或抒發思想、情感？

　　4. 這一練習是否有助於你提高自己的表達能力？

　　5. 什麼樣的語言最吸引你，會給你留下最深刻的印象？

　　6. 你會因為別人接受了你的觀點而開心嗎？

　　7. 現在你認為你對這一群體的參與程度如何？

　　8. 遊戲的主題是「誰應先坐氣球離開孤島」。

　　9. 針對由誰乘坐氣球先行離島的問題，各自陳訴理由。

10. 覆述並評價前一個的理由再進一步陳訴理由。

11. 交叉詢問任何一個你認為處於弱勢的角色,力圖說服他人接受你的理由。

12. 最後,由全體成員根據覆述別人逃生理由完整與陳述自身理由充分的原則,投票決定可先行離島的人。

4 遊戲名稱:學會瞭解對方

> **主旨:**
>
> 每一個人在性格方面都是有差異的。這個遊戲是改造乏味的生活,發掘潛藏的性格,寄託人生的希望。
>
> 通過選擇探索人類心理的工具——性格分析——來認識自我、瞭解他人,從而消除成功的障礙,享受全面成功的生命快樂。

 遊戲開始

時間:5 分鐘

人數(形式):不限

材料準備:方形,三角形,六邊形,圓形,文字資料,投影片,
　　　　　圖表

遊戲話術

20 世紀最大的發現，就是人們可以通過改變自己性格去達到改變人生。

一個人失去了個性，也就失去了靈性，失去了對大自然的感受，再成功也不會有滿足感和令人欣慕的命運。個性是半個生命，喪失個性就等於死亡一半。怎樣瞭解你的個性，發揮你的個性？這不只由自己的觀點決定，它還需要別人的幫助。難道你不想知道，在別人眼裏，你是個什麼樣的人嗎？讓我們一起來完成這個遊戲吧。

 遊戲步驟

1. 分發一份畫有 4 種幾何圖形的複印件給每一個參加者，指導每一個參加者選擇一項最能代表他（她）個性的圖形和其他參加者的圖形。圖形為：方形，三角形，六邊形，圓形。

2. 通過「投票」表決分別統計 4 個選項的總數。

3. 接下來進一步建議每個參加者認真選擇與各種類型相關的細節特徵。

4. 評估別人的看法與你的看法之間的差異。

性格類型：

1. 方形：這類人是有智慧的，目標明確，具有理性，並且是一個優秀的決策者。

2. 三角形：這類人是堅強的，可信賴的，保守的，意志堅定的。

3. 六邊形：這類人總是不滿於現狀的，相信直覺的，有冒險精神的。

4. 圓形：這類人具有強烈關注性。

遊戲討論

1. 在那些方面別人的看法與你是截然不同的？
2. 通過這種測試是否可將人的個性進行劃分？
3. 將人定型危險嗎？
4. 要學員弄清自己的優勢和劣勢之後，決定下一步做什麼。

5 遊戲名稱：改變你的印象

主旨：

透過這個遊戲使學員更瞭解他人對自己的看法，從另一角度認識自己，進而改變對自身已有的看法。在人際交往中做到保持自己的優點，改正自己的缺點，使自身潛在能力能夠發揮自如。

遊戲開始

時間：40 分鐘

人數(形式)：18 人(6 人一組)

材料準備：每人一張印象卡片

遊戲步驟

1. 每個小組圍成一圈。

2. 培訓師發給每個人一張印象卡片。

3. 每個學員將自己的姓名寫在印象卡片上，並畫出自我印象的代表圖畫。

4. 將印象卡片交給坐在自己右邊的一位學員，這樣，每人拿著的就是另一學員的卡片。

5. 拿到別人的印象卡片後，請在 4 個方格內任選一格，填上自己對留名人的第一印象。

6. 將填完的卡牌交回給培訓師。

7. 培訓師收集所有卡片後，再發回留名人本人，給大家兩分鐘時間看卡，然後展開討論。

 遊戲討論

1. 通過此遊戲學員會驚訝於從另一個角度認識自己，從而也就達到了活躍現場氣氛的目標。

2. 請每位學員說出別人對你的印象及自己對自己的印象，看看之間有什麼差別。

3. 當從卡上看到別人對自己的印象的評價時，你是否感到詫異？為什麼會詫異？

4. 人們常說第一印象很重要，其實這只是直覺帶來的模糊解釋。也許是因為在一個短時內彙集了太多的資訊，還沒來得及理出一個清晰的說明吧。

5. 學員在填卡時，不要與其他學員討論，以免你對他人的第一印象失真。

6 遊戲名稱：如何傳遞感情

主旨：

在溝通中，感情是影響人與人之間交流的重要因素。強烈的感情，尤其是具有負面影響的感情，會像病毒一樣感染並傳播開來，這個遊戲就是快捷而有效地說明這個現象。

 遊戲開始

時間：40 分鐘

人數（形式）：16 人

 遊戲步驟

〈第一輪〉

1. 在一組人員指定一個人為「情緒源」時，這個人的任務就是通過眨眼睛的動作將不安的情緒傳遞給屋內的其他三個人。

2. 任何一個獲得眨眼資訊的人要把自己當做已經受到不安情緒感染的人。一旦被情緒感染了，他的任務就是要對其他三個人眨眼睛，將情緒感染給他們。

3. 當一個受到情緒感染的人已經向其他三個人眨了眼睛時，他繼續在屋內轉悠，但不要再眨眼睛了。

4. 遊戲開始前，讓學員站成一圈，並閉上眼睛。

5.在這個由學員組成的圈外走幾圈。然後輕輕敲一下某個學員後背，這個學員就是「情緒源」。

6.讓學員們睜開眼睛，在屋內自由散開，就像雞尾酒會那樣。學員之間可以相信自我介紹、握手、自由地交談。他們可以和盡可能多的人交流。

7.五分鐘後，讓學員坐下來。

8.讓第一個受情緒感染的人，即「情緒源」站起來，並一直站著。

9.讓「情緒源」旁邊的受到情緒感染的人也站起來。

10.再讓這三個人旁邊的受到情緒感染的人也站起來。

11.如此反覆，直到所有人都站起來。

12.讓「情緒源」情緒低落下來。過一段時間，建議那些真正不耐煩的人現在可以坐下來。然後宣佈，每個人，即使他們現在還感到低落，也坐下來。

〈第二輪〉

1.告訴學員你已經找到了緩解不安情緒的「靈丹妙藥」，而且這種「靈丹妙藥」是通過趨勢柔和的微笑傳播的。因為大家現在被不安的情緒控制，急需這種「靈丹妙藥」。

2.讓大家再站起來，閉著眼站成一圈，告知大家，你會選一個學員作為「微笑情緒源」一樣，微笑著說「開始」。

3.在圈外走幾圈，但不要碰任何人的後背。在恰當的時候，假裝你已經指定了「微笑情緒源」一樣，微笑著說「開始」。

4.讓學員自由活動三分鐘後，叫停，並請他們坐下。

5.請收到「靈丹妙藥」的學員舉手。

6.請大家指出他們認為作為「微笑情緒源」那個人。你會發現，大家會指向許多不同的人。

7.告訴大家，實際上，科學並沒研製出緩解不安情緒的「靈丹妙

藥」，也並沒有「微笑情緒源」。

 ## 遊戲討論

1. 此遊戲說明在溝通時，保持積極情緒的重要性。在這個遊戲的過程中，實際上是你想讓別人對你微笑的期望促使你接受和給予微笑的。在現實生活中，你的期望是如何影響你的態度和行為的？你是如何養成自我完善的行為的？

2. 回想第一輪。被不安情緒感染時，你有什麼感受？

3. 在被感染後，是否有人真的開始覺得不安了？你是否注意到你的一些非語言或語言行為有所變化並反映了這種不安？

4. 是否有人盡力避免被感染？怎麼避免？

5. 當微笑被傳播時，你的反應有不同嗎？

6. 在現實生活中，在你的團隊中，感情是如何傳遞的？當辦公室裏有人心情很糟糕時，一般會帶來什麼結果？人們的情緒是如何影響他人的？

7. 你的心情是如何影響你的同事的？

8. 什麼情緒對大家的工作成績影響最大？對你個人呢？

9. 一個團隊的負面情緒對日常工作有什麼影響？

10. 在現實生活中，你是如何避免被負面情緒感染的？為了建立自己的免疫系統和抵抗力，你應該做什麼？

7 遊戲名稱：要如何化解對抗

主旨：

在人際交往中，總會遇上些難以對付的人，那麼怎樣才能博得別人的信任與好感，這個培訓遊戲就是使學員談吐自信，使用確定性的語言來化解對方的戒備心理，能取得意想不到的效果。

 ## 遊戲開始

時間：50 分鐘

人數(形式)：15 人

材料準備：五步對抗模式(見發放材料)，貼在板上，或人手一分。

　　　　五張題板紙和至少五面旗子。

 ## 遊戲步驟

1. 選擇一個有趣的開場白。讓人對任何話題都感興趣的一個好辦法就是，把這個話題與他們有強烈感覺的事物聯繫起來。

⑴如許多人對下面這件事有很強烈的感覺——和並不喜歡自己的人一起工作，說明面對這種無法選擇的情況時，他們只能採取一些必要措施。

⑵而在大多數人心中，至少有兩個對抗「專家」給我們建議。一邊是比薩羅博士向你建議一個詳盡的復仇幻想，如果你採納他的建

議，真正對抗同事或老闆，最可能發生的是什麼？（答案：幾乎沒有）

⑶還有另一位專家，他能向你建議一個方法，使你很可能獲得成功。他就是「明智」博士，他建議你使用面對對抗的一個五步模型。

2.解釋這個五步模型

⑴第一步：不要描述這快樂的現在，而要描述充滿希望的未來，你希望消除對抗達到的結果。在這種情況下，你可以說，「我希望我們能夠處好關係，使我們在一起工作時感覺很舒適。」

⑵第二步：詳細地描述問題。例如，你覺得你的同事在其他人面前貶低你，你可以這麼說：「在我們上一次小組會議中，有三次都是，我一講話，你就滴滴溜溜地轉眼珠，你把我關於轉型的想法描述得一文不值。」

⑶第三步：假設那人並沒有意識到，向他表明，這種行為是一個問題。你應該使你的表述理由充實，說：「當你這麼做時，我感到受到了侮辱和輕視。我們好像把太多精力放在互相找茬兒上了，而不是放在工作的項目上。」

⑷第四步：提供一種解決辦法：如果你不同意我的看法時，我比較喜歡你友好地當面告訴我，以便我能公正地聽取你的反對意見。我希望你能用更加尊重一些的肢體語言；在把我的想法評價為一文不值或是錯誤之前，請仔細考慮一下我的想法。

⑸第五步：給將來一個積極的展望。如果你能這麼做，我覺得我會更好地支持你的目標和想法。

3.邀請一些人描述他們需要直接對抗的經歷（如：當他們採用儲蓄的自信和方式不能達到效果時）。

4.把大家分成小組，每組 5～7 人，給每個小組一張題板和一面旗子。

5.把大家分成每個小組上述五個模式中的任意一步。採用剛剛描

述的方法，請各個小組提出盡可能多的與這一步相匹配的表達。

6. 在他們開始以前說：

⑴你們還記得我展示的關於比薩羅博士的第一個對抗嗎？比薩羅博士也很好地認識到了「明智」博士的五步模式，但他篡改了它的意思，使適合他自己固執的想法。

⑵比薩羅博士以這五步為框架，寫了一本書，但意思卻完全相反。

⑶例如：他把第一步翻譯為，描述充滿希望的未來，意味著你說的是：「你從我的眼前消失得越快越好。」第二步，詳細地描述問題，意味著「你是一個……那也說明了我為什麼會有這個問題。」

⑷當你們開動腦筋的時候，我希望你們也參考一些來自比薩羅博士書中的表達。還有什麼問題嗎？開始！

7. 給各個小組 10 分鐘時間，提出他們的表述。

8. 讓他們在比薩羅的表述前標一個字母 B。

9. 請各個小組選出他們最好的比薩羅博士的表述和「明智」博士的表述。

10. 請每個小組選出一個代表，讓各個小組的代表按順序站到前面。

11. 請他們依次宣讀他們的「明智」博士的表述。這些表述連貫在一起，形成一個展示這個模式的一致的資訊。

12. 請各個代表和大家分享他們的比薩羅博士的表述，以便形成一個完整的比薩羅博士模式，與明智博士的五步模型形成對照。

13. 如果還有時間，把寫有全部表述的題板紙貼起來，讓大家大聲朗讀各種表述。

 遊戲討論

1. 提出某一步的表述是困難還是容易？你們採用什麼標準來判

斷你們最好的表述？

2.當面對難對付的人時,使用化解對抗的五步模式有什麼好處？當你處於危險之中時,你怎麼才能使自己有足夠的時間來進行表述？

五步對抗模式

第一步：描述充滿希望的未來

第二步：詳細地描述問題

第三步：表明這為什麼是一個問題

第四步：提供一個積極的解決方法

第五步：給將來一個積極的展望

3.在現實生活中,你將怎樣使用這個模式？

4.你在寫比薩羅博士的表述時,感覺如何？能這麼痛快地發洩是否有一絲快感？

5.我們確實需要發洩。但是,當我們對著那些令我們感到氣憤的人發洩的時候,通常的結果是什麼呢？你覺得通過寫下類似比薩羅博士的表述的方式,而不是真正使用它們,是不是也使你獲得了一些發洩的快感呢？

6.回顧一下你從這個遊戲中獲得的認識,在你下次艱難的對話中,將怎樣改變你的想法？

7.提醒學員,現在是重覆表達某些想法的好機會。

8.最後,這些想法一定會再一次引起哄堂大笑,提出它們的學員也會因此而備受矚目。

8 遊戲名稱：如何討論議題

主旨：

　　溝通在人與人之間顯得非常重要，一個掌握了溝通技巧的人，會對各種情況或各類人應付自如。這種技巧拿到企業的管理層的人員身上也同樣適用，一個懂得如何和上司、同事、下屬之間融洽相處的主管，他(她)的工作一定非常出色。

 遊戲開始

　　時間：55分鐘

　　人數(形式)：團體參與

　　材料準備：期望表格，關於會議目的和主要議題的說明材料

 遊戲步驟

　　1.活動開始時，把印有活動目的和主要內容的說明資料發給大家。

　　2.說明活動目的和日程，指出活動的主要內容和次要內容。

　　3.請參與人員讀一下資料，在他們自己參加活動的首要目的上打鉤，以確保他們個人的目的與活動的既定目標「協調」。

　　4.如果參與人員有未被資料提及的目的，請他們把自己的目的在期望表格上寫下來。

5.請他們分成三或四人小組,對各個期望進行比較與陳述。

6.在聽取各小組的彙報之後,對彙報的結果進行總結,並記在紙上。

7.在對個人或小組的彙報答覆時,對每個目的都給予答覆。

 遊戲討論

1.如果某位或某些參與人員提出了不在既定目標和內容之內的要求:

⑴首先向他(們)表示感謝後委婉地說明這一特別目的不在活動議程之內。

⑵可以主動提出在休息時間與他(們)就此問題進行討論。

⑶詢問一下在場人員,看看是否有人可以提供這方面的資訊,與大家分享。

2.如果人員少於 15 個,在他們確定了自己的首要目標之後,可以請每個人都陳述一下自己的目標。

3.如果人員多於 15 個,則把每個目標都讀一下,請他們舉手表決,看有多少人把這個目標作為首要目標。

　遊戲名稱：如何打破彼此界限

主旨：

有自信的人在交流時都會掌握一個「度」，並且會堅持自己的原則。別人也會尊重他的原則。這些原則就像一些「界限」，而本遊戲使學員能自信地向他人表明自己的原則立場，同時也能在溝通中維護他人的原則。

　遊戲開始

時間：40 分鐘

人數（形式）：2 人一組

材料準備：四級自信模式（見發放材料），寫在題板紙或幻燈片上。

附：發放材料

四級自信模式

第一級：通過有禮貌地提出請求，設定你個人的界限。

注意：這不是宣稱你的高尚！只是對你的需要進行簡單、誠實的表達。為了使它能得到尊重，使用下面的表述：「你介意嗎（頓一下）？我覺得……

第二級：有禮貌地再重申一次你的界限或邊界。

記住，這不是傑麗·斯平加格（Jerry Springer）的表演。你可以不得罪任何人，而堅持你的需要！事實上，你不必出言不遜就可以

做到。你可考慮這麼說：「很抱歉，我真的需要⋯⋯」（提示：你第一次請求之後沒有退讓的事實，將會給第二次請求（儘管它還是以和善的方式），但增加了許多力量！）

第三級：描述不尊重你的界限的後果。

「這是對我很重要的事，如果你不能⋯⋯我就不得不⋯⋯」注意，你的後果也許只是簡單地走開。否則將會更難堪。但要注意：大多數人在這時通常會放棄的，即使這個需要對他們的健康和心態至關重要！我們大多數人害怕這樣採取的態度。

然而，有時我們必須採取行動保護我們的界限，這是事實。（同時記住，真正自信的人不進行人身威脅——否則就是傑麗·斯平加格。）

第四級：實施結果

「我明白，你選擇不接受。正如剛剛所說，這意味著我將⋯⋯」

遊戲步驟

<第一輪的遊戲>

1.把學員分成兩人一組，並請他們面對面站著，間隔 5 英尺。

2.請每個小組的兩個人互相靠近，一次一小步，直到有一個開始覺得他們是夠近了。在下面的步驟中，這個人為 A。

現在 A 說：「我只想靠這麼近。」並停下來不動。B 也必須同樣停下來。

3.當每個小組都停下來了，請 B 繼續向前走，一次一小步，直到達到他們自己感到舒適為止。

（注意：這會引起不舒適的笑聲，那沒什麼。告訴學員，有時探索本身就是不舒適的，並請他們相信你，再忍受一小會兒。）

4. 當每個小組的 B 都不再向前走了，說：「我們現在有一屋子的組合，每組的兩個人至少有一個覺得不怎麼舒適。對不對？」（這會帶來笑聲）

5. 繼續說道：「事實上，現在，每組的兩個人可能都有點兒不舒服，因為 B 確切地知道，他們已擅自闖入 A 的舒適區了。沒有人會願意這樣。我馬上就要解除你們所有的痛苦……但你們還會恢復原樣的。

請 B 向你的搭檔友好地道歉：「對不起，請所有人都回到座位上去吧。」

6. 關於四級自信模式，做一個 10 分鐘的介紹和演講。（見材料發放）。

〈第二輪的遊戲〉

1. 把各小組重新召集起來，請他們按剛剛的形式站好（也就是說，兩人的距離對一個人很合適，但對另一個來說又太近）。

2. 告訴 A（首先劃定界限的人）進入自信模式的第一級。他們都應該很有禮貌地要求他們的搭檔退後一點兒，無論他們怎麼說都可以，例如：「對不起，如果我們站的距離再遠一些，你不會介意吧？我不習慣和人靠得很近。這使我分心。」

3. 詢問：「A，你們是以盡可能禮貌和自信的方式，要求你們所需的嗎？」等待他們對這個問題的確認然後說：「好！B，對你的搭檔笑笑，站在原地不動！」（這會帶來笑聲，當 B 那麼做時，他們都會有不同程度的不舒適感。）

4. 詢問：「A，現在，你們有多少人對你們的搭檔有點兒惱火？」請他們舉手示意：隨意地笑笑，然後繼續告訴他們：「如果你們確實是，那你們需要進入第二級——堅持你們的界限。有禮貌地重覆你們剛剛的請求，請你們的搭檔退後一點兒，以尊敬和堅定的態度。」（如

「很抱歉，我真的需要遠一點的距離。」）

5. 讓 A 這麼做。然後讓 B 禮貌地回答或微笑，但仍呆在原處。

6. 告訴每個小組：「現在你們可以根據自己的情緒及控制能力，自由選擇四級自信模式的步驟繼續這個過程。但我要提醒你們的是，請一定要儘量控制自己的不快甚至是不滿，儘量做到互相諒解。如果你們已經完成整個過程，請握握手，請求互相諒解，並坐下。謝謝。」

 ## 遊戲討論

1. 對 A 來說，設定他們的界限是難還是容易？

2. 不答應 A 的請求，B 有什麼感受？

3. 當他人不接受我們的請求時，我們會有什麼想法和感受？這些想法和感受對我們尋求一種必勝的解決辦法有什麼影響？

4. A 中是否有人發現，在站多遠的距離這個問題上，他們願意讓步。你們看到了不喜歡和不能忍受之間的不同了嗎？

5. 當你們設定界限時，有多少使用了自信模式的全部四等級？有人只採用了一級，然後就讓步了嗎？有人甚至忽視了一至三級，直接跳到了第四級：天啊，「害人蟲」嗎？那樣做合適嗎？為了實現你們的目的，就個人而言你們需要注意什麼步驟？

6. 當你把個性、文化和倫理道德觀念不同的參與者安排在一組時，這個遊戲會有很強烈的影響。做到這一點的一個好辦法是，首先安排一次「打破僵局」，讓學員的一些潛在的好惡顯現出來。

7. 注意，這個遊戲中的許多笑聲是神經質般的笑聲。這並不是壞事，因為已經發現，有一點兒消極情緒事實上能提高學習效果。

8. 提問問題在第二輪開始，當他們經歷因原則而產生焦慮的階段時，你要幫助學員努力克制他們的情緒，記住：這個過程打敗過許多人！為了把握它，有一點兒不舒服是值得的。

10 遊戲名稱：笑容會融化冰山

主旨：
真誠的笑可以融化一座冰山。想讓你的笑容得到別人的讚許嗎？本遊戲說明了你的笑容在現實生活中的重要性，用笑容進行溝通與交流，你的生活肯定會與從前不一樣。

 遊戲開始

時間：25分鐘

人數（形式）：團體參與

 遊戲步驟

1. 讓學員站成兩排，兩兩相對。

2. 各排派出一名代表，站在隊伍的兩端。

3. 相互鞠躬，身體要彎腰成90度，高喊×××你好。

4. 向前走交會於隊伍中央，再相互鞠躬高喊一次。

5. 鞠躬者與其餘成員均不可笑，笑出聲者即被對方俘虜，需排至對方隊伍最後入列。

6. 依次交換代表入選。

遊戲討論

1. 人們常說，當你面對生活的時候，你實際上是在面對一面鏡子，你笑，生活在笑，你哭，生活也在哭。面對別人的時候也是這個道理，要想獲得別人的笑容，你首先要綻放自己的笑容。

所謂己所不欲，勿施於人，既然你不想別人對你繃著臉，為何你要對別人繃著臉呢？

2. 這個遊戲給你最大的感覺是什麼？

3. 做完這個遊戲之後，你有沒有覺得心情格外舒暢？

4. 本遊戲給你的日常生活與工作以什麼啟示？

5. 在團隊合作中，彼此之間保持默契，維繫一種輕鬆的氣氛，會非常有利於大家彼此之間的溝通，也會加快成員間的合作步伐。

11 遊戲名稱：男子搶劫商店

主旨：

「溝通」佔有越來越重要的地位，可以說「溝通」效率就是企業的效率，溝通就是整個企業生存發展的關鍵。

這個遊戲是檢測學員獲得資訊的能力，是不是能把握問題的關鍵，練習與他人溝通所獲得的技巧，讓他們對溝通有一個新的認識。

遊戲開始

時間：25 分鐘

人數（形式）：不限

 ## 遊戲話術

我們要做的遊戲是要幫助企業確立溝通的管道系統，要將廣泛的資訊溝通由零散的、不確定的、缺乏保證的狀態，變為高效的、可策略的和可管理的，以全面提高企業的運轉效率。

你們將會聽到一則很短的故事，請集中注意力仔細聽清楚。然後回答我的問題……

準備工作：將習題（一）和習題（二）製作成書面資料，每人準備一份。

以下是一個簡單的傾聽測試。

1. 先將習題（一）的內容發給學員，講師說一個情節（情節內容見習題（二）），讓學員去回答下面的 12 個判斷題。

2. 做完習題（一）之後，將習題（二）發給學員，讓學員對剛剛說的情節進行判斷，提醒學員不要受題（一）答案的影響。

3. 最後公佈答案。

習題（一）：商店打烊時

請不要耽擱時間	正確	錯誤	不知道
1. 店主將店堂內的燈關掉後，一男子到達	T	F	？
2. 搶劫者是一男子	T	F	？
3. 來的那個男子沒有索要錢款	T	F	？
4. 打開收銀機的那個男子是店主	T	F	？

	正確	錯誤	不知道
5. 店主倒了收銀中的東西後逃離	T	F	?
6. 故事中提到了收銀機，但沒說裏面具體有多少錢	T	F	?
7. 搶劫者向店主索要錢款	T	F	?
8. 索要錢款的男子倒出收銀機中的東西後，急忙離開	T	F	?
9. 搶劫者打開了收銀機	T	F	?
10. 店堂燈關掉後，一個男子來了	T	F	?
11. 搶劫者沒有把錢隨身帶走	T	F	?
12. 故事涉及三個人物：店主，一個索要錢款的男子和一個警察	T	F	?

習題（二）：商店打烊時

　　某商人剛關上店裏的燈，一男子來到店堂並索要錢款，店主打開收銀機，收銀機內的東西被倒了出來而那個男子逃走了，一位警察很快接到報案。

　　仔細閱讀下列有關故事的提問，並在「對」、「不對」、或「不知道」中做出選擇，劃圈。

請不要耽擱時間	正確	錯誤	不知道
1. 店主將店堂內的燈關掉後，一男子到達	T	F	?
2. 搶劫者是一男子	T	F	?
3. 來的那個男子沒有索要錢款	T	F	?
4. 打開收銀機的那個男子是店主	T	F	?
5. 店主倒了收銀中的東西後逃離	T	F	?

6. 故事中提到了收銀機，但沒說 裏面具體有多少錢	T	F	?
7. 搶劫者向店主索要錢款	T	F	?
8. 索要錢款的男子倒出收銀機中 的東西後，急忙離開	T	F	?
9. 搶劫者打開了收銀機	T	F	?
10. 店堂燈關掉後，一個男子來了	T	F	?
11. 搶劫者沒有把錢隨身帶走	T	F	?
12. 故事涉及三個人物：店主，一 個索要錢款的男子和一個警察	T	F	?

習題（三）：商店打烊時

請不要耽擱時間　　　　　　　　答案

1. 店主將店堂內的燈關掉後，
一男子到達　　　　　　　　?商人不等於店主

2. 搶劫者是一男子　　　　　　?不確定，索要錢款不一定
　　　　　　　　　　　　　　　是搶劫

3. 來的那個男子沒有索要錢款　　F

4. 打開收銀機的那個男子是店主　?店主不一定是男的

5. 店主倒了收銀中的東西後逃離　?

6. 故事中提到了收銀機，但沒說
裏面具體有多少錢　　　　　　T

7. 搶劫者向店主索要錢款　　　　?

8. 索要錢款的男子倒出收銀機中
的東西後，急忙離開　　　　　?

9. 搶劫者打開了收銀機　　　　　　　F

10. 店堂燈關掉後，一個男子來了　　　T

11. 搶劫者沒有把錢隨身帶走　　　　　?

12. 故事涉及三個人物：店主，一
　　個索要錢款的男子和一個警察　　?

 遊戲討論

1. 你們都答對了嗎？

2. 你們是怎樣抓住資訊的，你們能確定你們獲得的資訊準確嗎？

培訓師講故事

　　一位農民每天肩挑柴火翻山越嶺，去集市換取一天的口糧錢，并用剩餘的錢供兒子上學。兒子放暑假回來，父親為了培養他的吃苦精神，便叫兒子替他挑柴火上集市去賣。兒子挺不願意地去了，翻山越嶺肩挑柴火著實把他給累壞了。挑了兩天，兒子再也挑不動了。父親沒辦法，只好歎著氣讓兒子到一邊歇著去，自己還是一天接一天地掙錢養家糊口。

　　可天有不測風雲，父親不幸病倒了，這一躺就是半個月起不了床。家裏失去了生活來源，眼看就要斷炊了，兒子沒辦法，終於主動地挑起了生活的重擔，每天天不亮，兒子學著父親的樣子，上山砍柴，然後挑著去集市賣，一點也不覺得累。「兒子，別累壞了身子！」父親又喜又愛地看著兒子忙碌的身影說。兒子這時停下手中的活兒，對父親說：「父親，真是奇怪，剛開始你叫我挑柴火那兩天，我挑那麼輕的擔子覺得特別累，怎麼現

在我挑得越來越重，相反倒覺得擔子越來越輕了呢？」父親贊許地點點頭，道：「這一方面是你身體承受能力練出來了，更多的是因為你心理成熟的緣故啊！成熟使你產生了勇挑重擔的勇氣，當然就覺得擔子輕了！」

培訓師講故事

一天，主人把貨物裝在兩輛馬車上，讓兩匹馬各拉一輛車。在路上，一匹馬漸漸落在了後面，並且走走停停。主人便把後面一輛車上的貨物全放到前面的車上去。當後面那匹馬看到自己車上的東西都搬完了，便開始輕快地前進，並且對前面那匹馬說：「你辛苦吧，流汗吧，你越是努力幹，主人越要折磨你。」到達目的地後，有人對主人說：「你既然只用一匹馬拉車，那麼你養兩匹馬幹嗎？不如好好地餵一匹，把另一匹宰掉，總還能拿到一張馬皮吧。」於是主人便真的這樣做了。

培訓師講故事

墨子有個學生叫子禽，有一次他問墨子：「老師，您認為多說話有好處嗎？」

墨子回答說：「你看那生活在水邊的蛤蟆、青蛙，還有滿天飛的蒼蠅，它們不分晝夜地叫個不停，以此來顯示自己的存在。可是，它們即使叫得口乾舌燥、疲憊不堪，也沒有誰會去注意

它們到底在叫些什麼，人們對這些聲音早已是充耳不聞了。

現在你再來看看這司晨的雄雞，它只是在每天黎明到來的時候按時啼叫，然而，雄雞一唱天下白，天地都要為之振動，人們聽到雞叫就紛紛起床，準備開始新一天的勞作。兩相對比，你認為多說話能有什麼好處呢？只有準確把握說話的時機和火候，努力把話說到點子上，這樣才能引起人們的注意，收到預想的效果啊！」子禽聽了墨子的這番教誨，頻頻點頭稱是。

第 三 章

解決問題能力培訓遊戲

1 遊戲名稱：指揮方向

主旨：

讓學員瞭解領導者應如何行動。

讓學員認識目標的重要作用。

 遊戲開始

人數：10 人

時間：20 分鐘

場地：室外

材料：眼罩 5 副和充好氣的氣球若干

遊戲步驟

1.將學員分為兩人一組,培訓師給每組分發眼罩並宣佈規則。⑴小組內有一人需戴上眼罩充當盲人,另一人則充當健全人負責背上盲人行動,他們的任務是將不遠處的氣球踩破。⑵整個行動過程中,由盲人負責指揮,健全人要完全服從盲人的指揮。⑶健全人在遊戲的過程中不能說話。

2.把氣球放在離學員 30 米的地方,讓學員仔細察看氣球的位置,然後分配角色,由「健全人」背著「盲人」開始遊戲。

3.當有一個小組成功踩破氣球時,此輪遊戲結束。要注意「健全人」是否沒有嚴格按照「盲人」的指揮行動,「健全人」是否不由自主地向氣球移動。

4.讓小組內的兩人互換職能,即「盲人」來背著「健全人」,由「健全人」指揮「盲人」來踩氣球,當所有小組都完成了任務,遊戲結束。

 遊戲討論

1.為什麼在第一次遊戲時,有些小組中的健全人沒有完全按照盲人的指揮去做,而是不由自主地靠近氣球?

2.假如將氣球看作是工作目標,你是如何認識目標的作用的?

3.在工作中,那些才能是領導者應必備的?那些才能是可有可無的?

2 遊戲名稱：如何成功渡過河

> **主旨：**
> 讓遊戲參與者認識方法的重要性。
> 讓遊戲參與者透過方法解決問題。

 ## 遊戲開始

　　人數：不限
　　時間：15 分鐘
　　場地：室內
　　材料：每人一張印有題目的試卷

 ## 遊戲步驟

　　1.假設河一邊的岸上有 3 隻兔和 3 隻狼，河裏面有條船。船一次只能運他們其中的兩個。

　　2.要求這 3 隻兔和 3 隻狼在 15 分鐘內均乘船過河，抵達對岸。

　　3.在乘船過河的過程中，任何一邊的狼都不能比兔多，否則狼將吃掉兔，任務即宣告失敗。

　　4.請問用什麼方法可以順利完成任務？

參考答案：

1.兩隻狼上船過河。

2.回來一隻狼，再上一隻狼，兩隻狼過去。

3.回來一隻狼，狼上岸。兩隻兔上船。

4.一隻兔上岸，一隻狼上船，此時，兩岸和船上都是一兔一狼。

5.船上一兔一狼回來，狼上岸，兔上船。兩隻兔過去，此時，對岸一兔一狼，船上有兩隻兔，原來的岸上有兩隻狼。

6.兩隻兔都上岸，一隻狼上船劃回原來的岸邊，再上一隻狼，此時，對岸三隻兔，船上有兩隻狼，原來的岸上只有一隻狼。

7.一隻狼上岸，另一隻狼回來接原來岸上的狼過河。

 ## 遊戲討論

找對方法，才能做對事。管理者想要叩開成功的大門，必須能夠想到正確的方法，並把這種方法運用到執行中去。

管理者需要透過邏輯思考，理清問題的線條，只有這樣做才能清晰地找到合適的方法和步驟，最後做出正確的抉擇。

3 遊戲名稱：搶地盤

主旨：
提高學員的應變能力。
提高學員的行動能力。

 ## 遊戲開始

人數：20 人

時間：20 分鐘

場地：不限

材料：16 開白紙 19 張

 遊戲步驟

1.用 16 開白紙圍成一個圓圈，讓學員在白紙圓圈週邊成一個稍大的圓圈。

2.培訓師可以讓學員順時針和逆時針反覆跑動，並不斷要求學員加快速度，這可以使比賽更加激烈。

2.當培訓師喊停時，學員要迅速將雙腳踏在一張白紙上(搶地盤)，當白紙已被他人搶先佔據時，學員就要另尋其他白紙。遊戲過程中要注意安全，學員之間不許互相推攘，將他人推出白紙而自己佔據的人將被淘汰。

4.沒有搶到地盤(雙腳沒有踏在白紙上)的人將被淘汰。

5.拿走一張白紙，按上述步驟重新遊戲，直到剩下最後一位學員為止。

 遊戲討論

1.從這個遊戲中，你得到了那些啟示？

2.你如何理解「成功，只要比別人快一點兒就行」這句話？

3.如何才能提高個人的應變能力？

4 遊戲名稱：捆綁行動

主旨：

　　這個遊戲考驗的是團隊成員在遇到困難時，能否做到團結協作、齊心協力。遊戲的任務看似很容易完成，但由於遊戲參與者要將手臂捆綁起來，這就加大了遊戲的難度。不過，只要團隊成員懂得協作和共用，這個遊戲就不難。

　　透過大家共同完成一件任務，體驗協作在人與人之間的重要性。

 遊戲開始

　　人數：全體參與

　　時間：2 個小時

　　場地：戶外

　　材料：繩子或其他可以用於捆綁的東西

 遊戲步驟

　　1. 分組，不限幾組，但每組最好兩人以上。

　　2. 每一組組員圍成一個圓圈，面對對方。培訓人員幫忙把每個人的手臂與隔壁的人綁在一起。

　　3. 綁好後，現在每一組的組員都是綁在一起的，培訓人員提供些任務讓每組去完成。

　　例如：吃午餐；包禮物；完成美術作品；幫其他組員倒水。

遊戲討論

1. 在遊戲一開始時，被綁住的兩人是否感覺很不協調？做任務時動作是否南轅北轍？

2. 捆綁行動習慣後，效率是否高了許多？兩人之間的配合是否默契了許多？

團隊成員動作一致是破解捆綁行動的重要法寶。

可以換成雙人單腳捆綁行走，設置一個終點，限定時間，最先到達的小組勝利。

5 遊戲名稱：失蹤了的 10 文錢

主旨：
提高學員識別和分析問題的能力，讓學員認識到思考方向的重要性。

 ## 遊戲開始

人數：不限

時間：15 分鐘

場地：室內

材料：印有題目的試卷

遊戲步驟

1. 培訓將印有以下內容的試卷分發給學員。

從前，有 3 個窮書生進京趕考，途中投宿在一家旅店中。這間旅店的房價是每間 450 文，3 個人決定合住一間，於是每人向店老闆支付了 150 文錢。

後來，老闆見 3 個人可憐，又優惠了 50 文，讓店裏的夥計還給三人。夥計心想：50 文錢 3 個人如何分？於是自己拿走 20 文，將剩餘的 30 文錢還給了 3 個書生。

問題出來了：每個秀才實際上各支付了 140 文，合計 420 文，加上店小二私吞的 20 文，等於 440 文。那麼，還有 10 文錢去了那裏？

2. 請學員們分析「失蹤的 10 文錢」到那兒去了。

參考答案：

錢並沒有丟，只是計算的方法錯誤。店小二拿去的 20 文錢就是 3 個秀才總共支付的 420 文錢中的一部分。

420 文減去 20 文等於 400 文，正好是旅店入賬的金額。420 文加上退回的 30 文錢，正好是 450 文，這才是 3 個人一開始支付的房錢總數。

 遊戲討論

將不是問題的事物錯誤地看做問題，就是最大的問題。所以，不斷提高管理者的問題識別能力至關重要。

一件簡單的事情，一個簡單的問題，如果思考的方向出了問題，就會大傷腦筋，陷入迷茫。

遊戲名稱：大家掉進蜘蛛網

主旨：

　　蜘蛛網遊戲考察的是團隊成員解決問題的綜合能力，包括策劃能力、自製能力、溝通能力、團隊協作能力、靈活應變的能力，等等。這個遊戲有一定的難度，能夠增強團隊成員的綜合素質。讓學員們體會做計劃的重要性及團隊合作的精神。

 遊戲開始

　　人數：全體學員，13 人一組為最佳

　　時間：15～20 分鐘

　　場地：空地

　　材料：用繩子編成的蜘蛛網一張及說明書一份

 遊戲步驟

　　1. 培訓人員先找一位小組領導及一位觀察員，單獨向領導交代任務並給他一份說明書，說明書上寫明全體人員必須從網的一邊透過網孔到達網的另一邊——在整個過程中，身體的任何部位都不得觸網，每個洞只能被過一次，即不能兩人過同一洞。你們的目的是要獲取最好成績。

　　2. 讓各小組領導回到小組中並傳達培訓人員的指令。爾後遊戲開始。

3.培訓人員及觀察員開始觀察小組在聽領導分配任務時的反應，以及他們的計劃能力。

4.觀察員記錄小組在執行任務的過程中都出現了些什麼問題，包括計劃方面、溝通方面。

5.遊戲結束後進行分享與討論。

 ## 遊戲討論

1.你對計劃的重要性有什麼認識，你認為這次活動的計劃做得怎樣？

2.該遊戲最難的地方是那裏，怎樣改進？

3.在活動過程中，你感覺團隊的合作精神怎樣，是否有信任感？

這個遊戲考查小組的默契程度及合作精神，能充分結合每個人寶貴的意見並融合在一起。「三個臭皮囊頂個諸葛亮，」只要大家齊心協力，必定會想出一個最佳的方案。

給兩個隊安排一個任務，看那個隊的方案更可行、週到，根據他們在表述過程中考慮得是否全面、表現如何來加分(有3分、5分、8分等可供選擇)，最後分出勝負。

培訓師講故事

◎電梯何不放外面

過去，有一家酒店因業務做得十分紅火，安裝的電梯不夠用，經理打算再增加一部。專家們被請來了，他們研究認為，唯一的辦法就是在每層樓都打個洞，直接安裝新電梯。

　　就在專家們坐在酒店大堂裏商談工程細節的時候，他們的談話恰巧被一位正在掃地的清潔工聽到了。清潔工對他們隨口說道：「每層樓都打個洞，肯定會弄得塵土飛揚，到處都亂七八糟的。」

　　專家答道：「這是難免的，誰讓酒店當初設計時沒有想到多裝一部電梯呢？」

　　清潔工想了一會兒，說道：「我要是你們，我就把電梯裝在樓的外面。」

　　專家們聽了清潔工的話陷入了沉思，但他們馬上為清潔工的這一提議拍案叫絕。從此，建築史上出現了一個新生事物——室外電梯。

　　解決問題時，管理者要敞開言路，廣納諫言，而不僅僅只是專業人士的意見。

　　管理者如果把思維限定在一個房間內，就不能在房外解決問題；管理者如果把大腦放在井底，就無法看到井口之外的廣闊天空。

培訓師講故事

◎發現他們的帳篷太新了

　　1797 年 1 月 16 日，奧軍將領霍亨措列恩奉命奪取法軍佔領的聖若爾日要塞。他發現自己的騎兵與法軍騎兵的服裝相似，便打算利用這一點出奇不意地奔襲聖若爾日要塞。

於是，奧軍穿著法軍的服裝去襲擊聖若爾日。當這支來襲的騎兵離城堡不遠時，被兩個在門外打柴的法軍士兵發現了。他們剛開始以為是自己的援軍，可經過仔細觀察後，發現有問題：這支騎兵的白斗篷太新了，而自己的騎兵由於長期征戰，白斗篷大都又髒又舊。因此，他們斷定這是化裝前來偷襲的敵人，便飛速跑回城堡，及時發出警報。

等奧軍飛馬趕到時，法軍以猛烈的炮火打退了這支偷襲的軍隊。

看似微不足道的細節，有時卻會成為決定事情成敗的關鍵。因此，管理者不可輕視細節的力量。

大問題有時是通過小細節反映出來的。管理者要想識別問題，就不能放棄對細節的重視。

培訓師講故事

◎在影子中尋找自己的價值

有一個愣頭愣腦的流浪漢，常常在市場裏走動，許多人很喜歡開他的玩笑，並且用不同的方法捉弄他。其中有一個大家最常用的方法：就是在手掌上放一個五元或十元的硬幣，由他來挑選，而他每次都選擇五元的硬幣。大家看他傻乎乎的，連五元和十元都分不清楚，都捧腹大笑。每次看他經過，都一再地以這個手法來取笑他。過了一段時間，一個有愛心的老婦人，就忍不住問他：「你真的連五元和十元都分不出來嗎？」

流浪漢露出狡黠的笑容說：「如果我拿十元，他們下次就不會讓我挑選了。」

當人自以為聰明時，其實正顯示出愚昧和無知。讓我們多以柔和謙卑的態度與人相處吧，那才真正是智者的行為。

培訓師講故事

◎找出問題的癥結

動物管理員們發現袋鼠從籠子裏跑了出來，於是開會討論，一致認為是因為籠子的高度過低。於是他們決定將籠子的高度由原來的 10 米加高到 20 米。結果第二天他們發現袋鼠還是跑到外面來，所以他們決定將高度加到 30 米。

沒想到隔天居然發現袋鼠全都跑了出來，管理員們大為緊張，於是一不做二不休，將籠子加到 100 米。

一隻長頸鹿和袋鼠們在閒聊，「你們看，這些人會不會再繼續加高你們的籠子？」長頸鹿問。

「很難說，」袋鼠說，「如果他們繼續忘記關門的話。」

當問題發生時，你不能只看到問題的表面，而是應該找到問題的癥結：為什麼會發生這樣的問題，而不是發生別的問題？為什麼在這個環節出了問題，而其他容易出問題的環節卻運轉良好？這才是你真正應該探究的內容。

很多人做事情並不知道抓住核心問題，做了很多無用功。因此，凡事先別忙著解決，看好問題出在那裏，再對症下藥。

┌培訓師講故事┐

◎獨木橋的走法

　　弗洛姆是美國一位著名的心理學家。一天，幾個學生向他請教：心態對一個人會產生什麼樣的影響？

　　他微微一笑，什麼也不說，就把他們帶到一間黑暗的房子裏。在他的引導下，學生們很快就穿過了這間伸手不見五指的神秘房間。接著，弗洛姆打開房間裏的一盞燈，在這昏黃如燭的燈光下，學生們才看清楚房間的佈置，不禁嚇出了一身冷汗。原來，這間房子的地面就是一個很深很大的水池，池子裏蠕動著各種毒蛇，包括一條大蟒蛇和三條眼鏡蛇，有好幾隻毒蛇正高高地昂著頭，朝他們「滋滋」地吐著信子。就在這蛇池的上方，搭著一座很窄的木橋，他們剛才就是從這座木橋上走過來的。

　　弗洛姆看著他們，問：「現在，你們還願意再次走過這座橋嗎？」大家你看看我，我看看你，都不做聲。

　　過了片刻，終於有3個學生猶猶豫豫地站了出來。其中一個學生一上去，就異常小心地挪動著雙腳，速度比第一次慢了好多倍；另一個學生戰戰兢兢地踩在小木橋上，身子不由自主地顫抖著，才走到一半，就挺不住了：第三個學生乾脆彎下身來，慢慢地趴在小橋上爬了過去。

　　「啪」，弗洛姆又打開了房內另外幾盞燈，強烈的燈光一下子把整個房間照耀得如同白晝。學生們揉揉眼睛再仔細看，才發現在小木橋的下方裝著一道安全網，只是因為網線的顏色

極暗淡，他們剛才都沒有看出來。

弗洛姆大聲地問：「你們當中還有誰願意現在就透過這座小橋？」

學生們沒有做聲。

「你們為什麼不願意呢？」弗洛姆問道。

「這張安全網的品質可靠嗎？」學生心有餘悸地反問。

弗洛姆笑了：「我可以解答你們的疑問了，這座橋本來不難走，可是橋下的毒蛇對你們造成了心理威懾，於是，你們就失去了平靜的心態，亂了方寸，慌了手腳，表現出各種程度的膽怯——心態對行為當然是有影響的啊。」

其實人生又何嘗不是如此呢？在面對各種挑戰時，也許失敗的原因不是因為勢單力薄、不是因為智慧低下、也不是沒有把整個局勢分析透徹，反而是把困難看得太清楚、分析得太透徹、考慮得太詳盡，才會被困難嚇倒，舉步維艱。倒是那些沒把困難完全看清楚的人，更能夠勇往直前。如果我們在透過人生的獨木橋時，能夠忘記背景，忽略險惡，專心走好自己腳下的路，我們也許能更快地到達目的地。

第 四 章

破冰培訓遊戲

1 遊戲名稱：集體跳兔子舞

主旨：

1. 活躍氣氛。
2. 增強團隊成員的瞭解和合作。

 遊戲開始

時間：10 分鐘

人數：集體參與

道具：快節奏樂曲和音響器材

場地：空地或大會場

遊戲步驟

1. 每個小組排成一隊。

2. 小組後面一位學員雙手搭在前一位學員的雙肩上。

3. 培訓師給學員動作指令：左腳跳兩下，右腳跳兩下，雙腳合併向前跳一下，向後跳一下，再連續向前跳三下。

 遊戲討論

1. 為什麼會出現步調不一致的情況？

2. 有什麼方法能使本小組成員儘量保持步調一致？

3. 遊戲進行到後面階段這種狀況是否有所改進？為什麼？

 遊戲總結

1. 成員個體間存在的差異導致了總體的不協調。

2. 在交往中隨著對他人的瞭解，有助於減少這種不協調。

2 遊戲名稱：學員互相介紹

主旨：
讓與會人員認識至少1成以上的其他與會人員。

遊戲開始

時間：視人數而定

人數：所有人圍成兩個大圓圈，一個套在另一個裏面

道具：無

場地：不限

 ## 遊戲步驟

1. 將所有入圍成兩個同心圓，隨著歌聲同心圓轉動，歌聲一停，面對面的兩人要相互自我介紹。

⑴排成相對的兩個同心圓，邊唱邊轉，內外圈的旋轉方向相反。

⑵歌聲告一段落時停止轉動，面對面的人彼此握手寒暄並相互自我介紹。歌聲再起時，遊戲繼續進行。

2. 在遊戲中，所有人以同樣的熱情結識不同的人。

 ## 遊戲討論

1. 當歌聲停止,你能很自如地與你正對著的人相互自我介紹嗎？

2. 介紹完後,你是否有意識地想要努力記住別人的名字？

3 遊戲名稱：上課前的體操

> **主旨：**
> 1. 用於活躍氣氛，放鬆精神。
> 2. 增強動作的協調性，鍛鍊身體。

 ## 遊戲開始

　　遊戲時間：5 分鐘

　　參與人數：集體參與

　　遊戲道具：音響器材

　　遊戲場地：空地或大會場

 ## 遊戲步驟

　　1. 所有學員面向教練，分散站開。

　　2. 播放音樂，學員在培訓師的帶領下完成以下一系列動作(除標註外，每個動作重覆兩遍)：

　　⑴掌腿 1－2－3－4。

　　⑵捶拳 1－2－3－4。

　　⑶捶肘部 1－2－3－4。

　　⑷手掌疊交 1－2－3－4。

　　⑸聳肩膀 1－2－3－4(一遍)。

⑹擦玻璃 1－2－3－4（一遍）。

⑺劃水 1－2－3－4。

⑻拍蚊子 1－2－3－4。

◎注意：

請事先準備好音樂磁帶。

遊戲討論

你都有那些使自己心情放鬆的方法？

遊戲總結

勞逸結合能有效地提高效率。

4 遊戲名稱：當掌聲響起來時

主旨：

在課程或會議開始前製造活躍的氣氛。

遊戲開始

時間：1～3 分鐘

人數：集體參與

道具：無

場地：不限

 遊戲步驟

1. 走入與會人員聚集的房間，請每個人都站起來並張開雙臂（人與人之間空出大約一臂的距離）。

2. 告訴他們，為了使他們頭腦清醒並儘快消化、理解你在課程中講授的知識，你要帶領他們做一個精心設計的練習。

3. 此練習可促進血液循環，刺激他們手上的神經末梢。

4. 請他們向身體兩側伸展雙臂（要保持水平）。等這一動作完成後，請他們迅速拍手，然後再張開雙臂。

5. 把這兩個動作連續做 10 次，動作要快。

6. 告訴與會人員，你雖然不太確定他們現在感覺如何，但你自己確實感覺良好，因為這是你在多年的培訓生涯中第一次以起立鼓掌的方式來開始培訓課程的。

◎注意：

語調要保持興奮和神秘，聲音要能讓在場的每個人都清楚地聽到。最好是和大家一起做這個遊戲，這可以讓你更好地把握現場的氣氛和眾人的情緒。

 遊戲討論

遊戲結束後是不是有種愉快和輕鬆的感覺。

5 遊戲名稱：音樂變奏曲

主旨：

活躍氣氛

 遊戲開始

時間：15 分鐘

人數：全體學員

道具：無

場地：不限

 遊戲步驟

1. 讓所有學員利用身體的任何部份碰撞發出兩種以上的聲音(會發現學員發出各種各樣的聲音來，場面一片混亂)。

2. 讓所有學員用最擅長的方式發出聲音(會發現學員的聲音會進行匯合，形成幾個主流的聲音)。

3. 培訓師引導大家漸漸形成 4 種聲音發出的方式：

⑴手指互相敲擊；

⑵兩手輪拍大腿；

⑶大力鼓掌；

⑷跺腳。

4. 問學員：如何將我們發出的聲音變成有節奏的聲音呢？是不是可以利用一種自然界的現象來使我們發出的聲音變得美妙動聽？——（用聲音來描繪一曲《雨點變奏曲》）。

5. 想像一下，我們發出的聲音和下雨會不會有許多相似的地方：

⑴「小雨」——手指互相敲擊；

⑵「中雨」——兩手輪拍大腿；

⑶「大雨」——大力鼓掌；

⑷「暴雨」——踩腳。

6. 培訓師說：「現在開始下小雨，小雨變成中雨，中雨變成大雨，大雨變成暴風雨，暴風雨變成大雨，大雨變成中雨，又逐漸變成小雨……最後雨過天晴。」隨著不斷變化的手勢，讓學員發出的聲音不斷變化，場面會非常熱烈。

7. 最後，「讓我們以暴風驟雨的掌聲迎接……」

8. 注意：引導並控制場面，使其熱烈而不混亂。

6 遊戲名稱：熱鬧的熟悉活動

主旨：

以熱鬧激烈的活動使學員彼此熟悉。

 遊戲開始

時間：10～15 分鐘

人數：所有人參與（至少 10 人以上）

道具：無

場地：會場

遊戲步驟

1. 英國有個著名的博物學家是誰？他最著名的學說是什麼？所有的物種都是從什麼開始進化的？從「蛋」開始的，「蛋」變成「雞」，「雞」進化成「原始人」，「原始人」進化成「超人」，「超人」進化成「聖人」（示範各種動作）。

2. 相同物種才能競爭，不進則退。

3. 每個人都從「蛋」開始，「蛋」跟「蛋」競爭，贏的進化成「雞」，輸的變成「蛋」。「雞」跟「雞」競爭，贏的進化成「原始人」，輸的變成「蛋」，不進則退。以此類推，最終變成「聖人」的為勝利者。

遊戲討論

1. 可以增加變化的級數，如「蛋」以下可以增加「阿米巴原蟲」等。

2. 可思考不同的進化名稱和動作。

培訓師講故事

◎你的心態

　　古時有一位國王，夢見山倒了，水枯了，花也謝了，便叫王后給他解夢。王后說：「大勢不好。山倒了表示江山要倒；水枯了表示民眾離心，君是舟，民是水，水枯了，舟也不能行了；花謝了指好景不長了。」國王驚出一身冷汗，從此患病，且愈來愈重。

　　一位大臣要參見國王，國王在病榻上說出他的心事，那知大臣一聽，大笑說：「太好了，山倒了表示從此天下太平；水枯表示真龍現身，國王，你是真龍天子；花謝了，花謝見果子呀！」國王全身輕鬆，很快痊癒。

　　強者對待事物，不看消極的一面，只取積極的一面。如果摔了一跤，把手摔出血了，他會想：多虧沒把胳膊摔斷；如果遭了車禍，撞折了一條腿，他會想：大難不死必有後福。強者把每一天都當做新生命的誕生而充滿希望，儘管這一天有許多麻煩事等著他；強者又把每一天都當做生命的最後一天，備加珍惜。

　　美國潛能成功學家羅賓說：「面對人生逆境或困境時所持的信念，遠比任何事來得重要。」這是因為，積極的信念和消極的信念直接影響創業者的成敗。

┌─────────────────┐
│ 培訓師講故事 │
└─────────────────┘

◎再撐一百步

　　美國華盛頓山的一塊岩石上，立下了一個標牌，告訴後來的登山者，那裏曾經是一個女登山者躺下死去的地方。她當時正在尋覓的庇護所「登山小屋」只距她一百步而已，如果她能多撐一百步，她就能活下去。

　　倒下之前再撐一會兒。勝利者，往往是能比別人多堅持一分鐘的人。即使精力已耗盡，人們仍然有一點點能源殘留著，用那一點點能源的人就是最後的成功者。

┌─────────────────┐
│ 培訓師講故事 │
└─────────────────┘

◎永遠的坐票

　　朋友經常出差，經常買不到對號入坐的車票。可是無論長途短途，無論車上多擠，他說他總能找到座位。

　　他的辦法其實很簡單，就是耐心地一節車廂一節車廂找過去。這個辦法聽上去似乎並不高明，但卻很管用。

　　每次，他都做好了從第一節車廂走到最後一節車廂的準備，可是每次他都用不著走到最後就會發現空位。他說，這是因為像他這樣鍥而不捨找座位的乘客實在不多。經常是在他落座的車廂裏尚餘若干座位，而在其他車廂的過道和車廂接頭處，居然人滿

為患。

　　他說，大多數乘客輕易就被一兩節車廂擁擠的表面現象迷惑了，不大細想在數十次停靠之中，從火車十幾個車門上上下下的流動中蘊藏著不少提供座位的機遇：即使想到了，他們也沒有那一份尋找的耐心。眼前一方小小立足之地很容易讓大多數人滿足，為了一兩個座位背負著行囊擠來擠去有些人也覺得不值。他們還擔心萬一找不到座位，回頭連個好好站著的地方也沒有了。

　　與生活中一些安於現狀不思進取害怕失敗，永遠只能滯留在沒有成功的起點上的人一樣，這些不願主動找座位的乘客大多只能在上車時最初的落腳之處一直站到下車。

　　朋友經常被同行羨慕「運氣好」。因為一些看來希望渺茫的機會總能被他撞上，最終達成最後的合約。聽過他「找座位」的故事後，我們能夠悟出，他的運氣其實是他不懈追求的回報。他的自信、執著，他的富有遠見、勤於實踐讓他握有了一張人生之旅永遠的坐票。

第 五 章

戶外潛能培訓遊戲

1 遊戲名稱：空中飛人

主旨：

　　幫助學員建立臨危不懼的自信心，挖掘自身的潛力；培養心理調節能力，增加自我控制能力和自我管理能力；提高勇於把握機遇的膽略。

　　本遊戲特別適合基層員工和管理人員參加，通過他們的奮力一躍，挑戰自我心理極限，在工作場合養成臨危不懼的心態。

 ## 遊戲開始

　　人數：大約 15-20 人左右

　　時間：約 60 分鐘

　　場地：室外

材料準備：固定於地面的高約 10 米的樓梯，相應的安全設施（保
　　　　　護繩、安全帶、頭盔等）

 遊戲步驟

1. 學員繫好保護繩、戴好安全帶、頭盔等保護設施，所使用的
保護繩和安全帶應可以承受 2 噸左右的衝墜力。

2. 學員在週全地保護下，依次獨立爬上約 10 米高的樓梯，站穩
後，雙腿同時用力蹬出，雙臂前伸，抓住掛在上前方約 2 米的單杠。

3. 在項目過程中，學員不必驚慌，經驗豐富的培訓師會隨時保
護學員的安全。

4. 所有學員訓練結束後，由培訓師帶領學員討論本訓練的感受
和啓示。

 遊戲討論

1. 鼓勵學員不要給自己設立上限，應該敢於挖掘自己的潛能，
實現更高的目標。只需要下定決心，就可以完成看似不可能完成的任
務。你惟一所要做的就是躍起，緊緊抓住目標。在空中飛騰的刹那間
你會明白，原來成功離你只有一步之遙。

2. 做決定時，果斷是一種優勢，在樓梯上站立的時間越久，樓
梯抖動得就越劇烈，而跳躍的勇氣就越來越小，患得患失才是成功最
大的敵人。這就是我們經常說的「當十全十美的計劃出爐時，十全十
美的機遇已經溜走了」。

3. 隊友的鼓勵，對於實現目標相當重要。如果沒有隊友的鼓勵，
可能爬到中途就半途而廢了。

4. 這種看似很容易的遊戲卻讓許多人望而卻步，或是臨陣脫
逃。原因何在呢？主要是因為我們很多時候很難戰勝自己。

捫心自問：生活中，我們給自己規定的極限是否大大低於實際能夠達到的程度？對於想要達到的目標是否竭盡全力了？在生活與工作中，往往要面對很多機遇，做出許多抉擇，做抉擇需要的是勇氣，把握機遇需要的是決心。但很多時候我們站在原地考慮所有的利弊，考慮了太多的「萬一」，讓機遇在猶豫不決之時擦肩而過。可當你經過拓展訓練後，你就會發現其實生活中有些事情，本來沒有那麼複雜，只是因為我們的心理負擔太重，顧慮太多，以至於事情尚未發生，心理上的困擾早已跑到了事實前面。

2 遊戲名稱：跨越斷崖

主旨：

如果問你能否一步邁過 1 米的距離，你可能會覺得有些好笑，那有什麼難？但是，把這個距離放到 8 米的高空，你腳下踩的是一塊只有 0.3 米寬、1 米左右長的木板，要跨到另一塊同樣細長的木板上，兩者間距雖然只有 1 米，你能保證自己心裏一點兒也不打鼓嗎？這個遊戲是跨越斷崖，就是通過讓你在高空邁過這艱難的一步來進行心理訓練的一個好遊戲，它能令你勇氣倍增。

 遊戲開始

人數：20 人

時間：約 30 分鐘

場地：室外

材料準備：一座高空斷橋(高約 10 米、寬 0.3 米、間距 1.1 米)，必須有相應的安全設施(保護繩、安全帶、頭盔等)

 遊戲步驟

1. 學員繫好保護繩、戴好安全帶、頭盔等保護設施，所使用的保護繩和安全帶應可以承受 2 噸左右的沖墜力。

2. 學員在週全保護下依次獨立爬上 8 米高的斷橋，獨立完成跨越斷橋的任務。

3. 在項目進行過程中，經驗豐富的培訓師會隨時保護學員的安全。

4. 所有學員訓練結束後，由培訓師帶領學員討論本訓練的感受和啟示。

 遊戲討論

1. 這個項目是對個人心理素質的一種考驗。如果在地面上，這樣寬的距離很容易跳過去，但在高空斷橋上，人們容易受到高空的影響，產生一種恐慌心理。如果我們能夠克服心理障礙，戰勝自己，其實是很容易完成的。這就告訴我們，一件事情如果決定去做，就應該相信自己，不受週圍環境的影響，勇往直前去完成，最後的勝利一定屬於我們。

2. 透過這次遊戲你會知道猶豫只會錯失良機，面對困難果斷跨越，超越自我，冶煉人格，跨出的是腳下一小步，超越的是人生一大步。

3 遊戲名稱：膽大走夜路

主旨：

夜行，尤其是在野外單獨夜行，心理會恐懼，因此可以鍛鍊一個人的膽識，讓其突破懦弱、膽怯的心理障礙。在野外宿營前，先行設計好路線。在天黑以後，找一個充分的理由，讓他(她)不得不獨立穿越這條漆黑的山路。

 遊戲開始

人數：30 人

時間：晚上

場地：野外

材料準備：帳篷等野外宿營用具

 遊戲步驟

1. 野外宿營時，要另外選擇一個距營地約 500 米的開闊地帶作為炊事基地，通過這條路時應該穿越一片樹林或者草叢，營地為黑暗環境，炊事基地有篝火。

2. 天黑以後，每個人都要獨立去炊事基地就餐。

3. 兩邊用對講機聯絡，第一個隊員到達後，炊事基地向營地報告，營地領隊同時排出第二名隊員去炊事基地就餐。

4.有心理障礙的隊員放在最後才執行，領隊要在其身後保持一定的距離以確保安全，並減少他的心理恐懼，根據情況確定距離的遠近，返回時，距離加大，或讓其獨立返回。

5.此訓練可以重覆進行，每天的距離適當加大。

6.所有學員訓練結束後，由培訓師帶領學員討論本訓練的感受和啓示。

 遊戲討論

為了保證這培訓遊戲安全，沿途要有人在暗中保護，終點要有人迎接。確定這條路線及其附近是安全的(沒有墜落、溺水、野獸傷害的可能)。

對於有心理障礙的隊員，要協助他突破心理害怕的障礙，鼓勵是必要的，但儘量不要強求，可以讓另一個吃完飯的隊員陪他(她)同行，但不可以把飯帶回來給他吃。第二天再繼續鼓勵他，如果還不行，就再讓另一個人(不可以是第一天那個人)陪同，而且要與他保持一定的距離(陪同的次數越多，距離應該越大)，同時當面安排好以後幾天的「值班」表。

4 遊戲名稱：刺激的空中彈跳

主旨：

如果你喜歡追求刺激，勇於冒險，而且膽子夠大，那麼可以嘗試目前戶外活動中刺激度排行榜上名列榜首的「空中彈跳」。空中彈跳（Bungee Jumping），是近幾年來新興的一項非常刺激的戶外休閒活動，空中彈跳時每小時速度超過 55 公里，這是最恐怖、最驚險且最刺激的感覺，就好比是向死亡之神挑戰，尤其是百分之八十反彈的感覺最為過癮，反彈大約 4～5 次，空中彈跳過程約 5 秒鐘，這將是你一生中最長的五秒鐘。想體驗不同高度、不同空中彈跳方法的人，都可以來此體驗一下「喜獲重生」的感覺！空中彈跳不但可以完全感受自由落體的快感，更可享受反彈失重的樂趣。它可以增加自身的勇氣，挑戰自我的能力，克服恐懼，征服地心引力！

 遊戲開始

人數：20 人

時間：每人彈跳 10 分鐘

場地：室外

材料準備：彈跳繩、扣環、安全帶、安全繩、綁腰設備、綁腿設備等

遊戲步驟

1. 繫戴好安全防護設備，居高臨下站到高橋上，充分活動身體各部位，以防扭傷或拉傷。

2. 著裝要儘量簡練、合身，不要穿易飛散或兜風的衣物。

3. 跳出後要注意控制身體，不要讓脖子或胳膊被彈索捲到。

4. 身上的物品，都要取出。

5. 最後一條規則就是沒有規則，發揮你的想象力，盡情地把身心融入到項目中，用心去體會那短暫而又刺激的感受吧！Good Luck！

6. 所有學員訓練結束後，由培訓師帶領學員討論本訓練的感受和啟示。

 遊戲討論

空中彈跳對身體素質要求較高，凡是有心臟病、腦病的人不能參加。特別是深度近視者更要慎重，因為空中彈跳跳下時頭朝下，人體以 9.8 米/秒^2 的加速度下墜，很容易因腦部充血而造成視網膜脫落，要注意安全。

5 遊戲名稱：跨越鋼絲橋

主旨：

這橋是由一根走繩和兩根扶繩組成的鋼絲橋，長約 30 米，離地面 7 米。一次最多可讓 3～5 位隊員同時行走，要膽大心細。

本項目可以鍛鍊勇氣，讓員工克服恐高症及膽怯心理，體驗雜技中走鋼絲的感覺，更可認識到面臨絕境的時候，沉著、冷靜是化險為夷的制勝武器！同時錘煉員工堅韌不拔的品質和應具備的自我完善的精神，以及永不放棄、追求勝利的自信心。

 遊戲開始

人數：15 人

時間：1 小時

場地：室外

材料準備：長約 30 米的鋼絲繩 3 條，保險衣、保險繩、保護網等

 遊戲步驟

1. 將學員隨機分成三組。

2. 學員在培訓師的要求下，穿戴保險衣和保險繩，站在鋼絲繩的一邊，腳踩一根鋼絲，兩隻手分別抓住兩側的鋼絲繩，行進到鋼絲繩的另一邊。分組進行比賽。最快到達另一端的為勝。

3. 所有學員訓練結束後，再由培訓師帶領學員討論本訓練的感受和啓示。

 ## 遊戲討論

生活、工作中，每一件事情都猶如這樣一座橋，目標就在橋的那一頭。

走鋼絲橋的過程就恰如我們面對困難又克服困難的心路歷程，從「我怕，我能行嗎？」到「我試試」，從「我不行了，我挺不過去了」到「堅持、再堅持」，直到我們取得最終的勝利。在面對困難時要堅持下去、永不放棄，一旦自身失去了自信心，任何人都幫不了你。無論前面的路有多艱難，一定要有足夠的耐心和毅力，只要堅持就能迎來勝利。

這個訓練告訴我們，在你即將取得成功的時候往往也是你最困難的時候，這時需要一種信念的支撐，更要在環境的壓力和自我的猶豫不決中尋找平衡，無論面臨怎樣的風險和動盪，我們都別無選擇，只有繼續向前才是最安全的。目標也許離你很遙遠，但只要你繼續保持平穩積極的心態，像最開始時那樣充滿信心，你最終就可以取得成功。

6 遊戲名稱：天梯由頂端下降

主旨：

在培訓師的指導與保護下，利用繩索由岩壁頂端下降，感受一步一步走向懸崖、走向生命「邊緣」的感覺；感受高空墜落前的瞬間！學員自己掌握下降的速度、落點，以到達地面。天梯懸降並不需要嚴格的專業技巧，但只要開始下降，就無法退縮，必須克服恐懼與障礙，堅持到底，從自我激勵、自我控制到超越自我，最終走向成功。

本項目屬於高挑戰的科目，挑戰心理恐懼，體驗與自己抗爭以及成功的樂趣，讓學員重新認識自己，從而增強學員的自信心。

用天梯懸降的訓練方法來對自信心缺乏或懦弱者進行強化訓練，效果非常明顯。

 ## 遊戲開始

人數：20 人

時間：120 分鐘

場地：室外

材料準備：8 米、10 米、12 米高的岩體，保險繩 2 副，大麻繩 2 副，頭盔 4 個，手套 10 副，護肘 4 副，護膝 4 副，步話機 4 隻，喊話器 2 隻

遊戲步驟

1. 培訓師宣佈活動規則和注意事項。

2. 培訓師協助隊員穿戴安全裝備。

3. 培訓師檢查各項安全裝備。

4. 第一名學員開始天梯懸降。

5. 第一名學員結束後，更換學員，直至第一輪活動結束。

6. 培訓師帶領團隊討論總結。

7. 第二輪活動開始。

8. 最後再一次回顧總結。

9. 遊戲結束後，由培訓師帶領學員討論下列問題：

⑴在第一次下降之前，心裏有什麼感受？有沒有想過退縮？

⑵在第一次下降的過程中，你們碰到了什麼困難？

⑶第二次下降時，是不是沒有第一次那麼慌亂了？為什麼？

⑷面對困難時，平靜的心理會起到什麼作用？

⑸經過這次的活動，你們從中得到了什麼啟示？你們的心理和身體得到了怎樣的鍛鍊？

 遊戲討論

1. 活動過程中，要注意安全設施，並隨時檢查。

2. 要確定學員已經真正理解活動的注意事項和行動規則後，再開始活動。

3. 對於不願意參加活動的學員，不可強求。

4. 要不斷鼓勵和讚美學員，為他們增添勇氣和信心。

5. 一定要全面瞭解學員的身體狀況，然後決定學員可否參加活動。

7 遊戲名稱：高難度的溪降運動

主旨：

溪降是由溯溪運動發展而來的一項極限運動。它需要運用專業的裝備在懸崖高處沿瀑布下降，相比之下比「溯溪運動」更加驚險刺激，對參加者的心理和技術要求更高，更富挑戰性。

溪降是目前國際最為流行的戶外拓展項目，在落差較高的瀑布溪流中進行。參加者借助保護器、保護繩、頭盔、護目鏡，使用下降器在瀑布或溪流頂端順流而下，既可領略天梯懸降的驚險，又可體驗激流迎頭衝擊的刺激。

 ## 遊戲開始

人數：15人左右

時間：1天

場地：有瀑布的溪谷地帶

材料準備：主繩、下降器、安全帶、鐵鎖、上升器、下降器、頭盔、防水鏡等

 ## 遊戲步驟

1. 學員學習正確使用攀登保護裝備，包括安全帶、安全帽、鐵鎖、下降器、上升器。

2. 學員按順序沿人工懸梯登至下降處等候。

3. 由保護教練在下降處進行繩索保護，並再次確認後學員方可下降。

4. 在下降過程中，要注意岩石、裂縫、陡坡、水流的衝擊。

5. 在熟練掌握了下降的技術動作後，可選擇適宜的落腳點做跳躍動作，並在接近瀑底時，解開保護繩索，輕鬆躍入溪中，充分體驗溪降的樂趣和驚險。

6. 遊戲結束後，培訓師帶領學員討論本訓練的感受和啟示。

 遊戲討論

1. 永遠不要和已經去過那裏的人去那個溪谷，因為有他帶路，你就根本沒有機會在降落的過程中探索那些新奇的事物。

2. 儘量少知道有關你要去的溪谷的一切，因為驚喜只可能發生一次，你只需要知道那條小溪在那裏就行了。

3. 訓練時最好和那些能夠同心協力的朋友們一起練習，因為沒有團隊的幫助，任何人都較難安然地降下山岩。

8 遊戲名稱：曲臂懸垂

主旨：

這是一個看起來較為簡單，做起來卻非常考驗人。這個項目最關鍵的地方，是在學員即將堅持不住的時候，培訓師如何和大家一起鼓勵他，這時是最考驗耐力的時候，多堅持 1 秒鐘都是好的。

 ## 遊戲開始

人數：20 人

時間：50 分鐘

場地：操場

材料準備：單杠運動器材

 ## 遊戲步驟

1. 培訓師為學員做本項訓練的動員工作。

2. 動員工作結束後，學員依次雙手手指交叉起來，握在單杠上，把整個身體懸掛起來，培訓師為每個學員計時。

3. 在項目進行過程中，大家注意互相鼓勵。

4. 所有學員訓練結束後，由培訓師帶領學員討論本訓練的感受和啟示。

遊戲討論

根據培訓師的經驗，體能訓練是所有訓練項目裏最不受歡迎的訓練方式，因為這些訓練項目往往十分枯燥，沒有多少技巧，也沒有樂趣。但是，體能訓練是野外生存訓練的重要組成部份。很多登山名將和探險家在大型探險活動之前都要進行幾個月的體能訓練，因為不僅可以增強體質，也能磨練人的意志。

9 遊戲名稱：攀岩

主旨：

攀岩是是利用人類的攀爬本能，借助各種安全保護裝備和攀登輔助器械，攀登峭壁、裂縫、海蝕岩以及人工製造的岩壁。攀岩也是登山運動的一項基本技能。由於登高山對普通人來講機會很少，而攀爬懸崖峭壁相對機會較多，且更富有刺激和挑戰性，所以，攀岩作為一項獨立的、被廣大群眾所喜愛的運動迅速在全世界普及開來。

攀岩是一項力與美相結合的運動。力是指力量、力度，面對高聳的天然崖壁，缺乏力量是難以將它戰勝的；美是指在下降過程中所表現的柔韌性、靈活性。將力與美完美結合並充分體現，是攀岩運動真正的含義。

本項目本身具有高度的挑戰性，能夠給參加者帶來成就感。同時激勵和強化頑強的鬥志、取勝的信念，磨練意志力，培養沉著冷靜的心理素質。在與懸崖峭壁的抗衡中學會堅強，在與大山的擁抱中感受

寬容,在征服攀登路線後享受成功與勝利的喜悅。

遊戲開始

人數:20 人

時間:120 分鐘

場地:室外

材料準備:8 米、10 米、12 米的岩體,安全帶、安全帽、主繩、
　　　　　鐵索、防滑粉袋、繩套、攀岩鞋、下降器及上升器等

遊戲步驟

1. 學員在經過基本攀岩技巧訓練之後,一定要穿戴保護器具,在攀岩繩的保護下,獨立攀爬天然岩壁,登上岩頂。其間,攀岩者面臨的問題是線路選擇、支撐點確定和技巧與力量的恰當運用。

2. 所有學員訓練結束後,由培訓師帶領學員討論本訓練的感受和啟示。

遊戲討論

1. 儘量節省手的力量。攀岩是用手和腳,不是只用手的力量。通過尋找岩面上一切可利用的支點,克服攀爬者自身的體重及所攜帶器械的重量向上進行攀登。所有攀爬者應該有一定的手臂、手指、指尖及腰腹力量。由於手臂力量相對很有限,在攀登過程中,應儘量用腿部力量,而節省手的力量。

2. 控制好重心。控制重心平衡是攀岩過程中最關鍵的問題。重心控制得好就省力;反之,就會消耗許多不必要的力量,同時也會影響整個攀登過程。

3.有效地休息。在一條攀登路線中肯定是有些地方簡單，有些地方難，要想一口氣爬完全程比較困難（除非這條線路對你來講很容易）。所以要想爬得高一些，應該學會有效地進行休息，一般是到達一個比較容易的位置，以最省力的姿勢，邊休息邊觀察下一段要攀爬的線路。這一點在比賽過程中顯得更為重要，因為正式的比賽，攀登路線是完全陌生的，而且只有一次機會。

4.主動去調節呼吸。初學者往往忽略這一點。攀爬一條路線是一個連續的過程，從一開始就應該主動去調節呼吸，而不應等快堅持不住了再去調整。另外要強調一點，攀岩是一項很具危險性的運動，若裝備質量合格，保護技術過硬，保護人員操作規範、認真，就不會有危險；反之，若裝備有質量問題，保護人員操作不規範、不認真，就容易出危險。因此，攀岩運動中的保護措施是每個參與者都應該時刻注意的問題，而不管他是初學者還是有經驗的老手。

培訓師講故事

　　他們往一個玻璃杯裏放進一些跳蚤，發現跳蚤很輕易地就跳了出來。根據測試，跳蚤的跳躍高度均在其身高的 100 倍以上，堪稱動物界的跳高冠軍。接下來，生物學家再次把這些跳蚤放進杯子裏，並用玻璃罩蓋住，跳蚤每跳一次，都會重重地撞在玻璃罩上。最初它們並沒有停下來，還是不停地跳。一次次地被撞，終於，跳蚤變得聰明起來，它們開始根據玻璃罩的高度來調整自己所跳的高度。經過一段時間，這些跳蚤再也不會撞到玻璃罩，而在杯內自由地跳動了。

　　之後，生物學家把玻璃罩輕輕地拿掉，發現跳蚤還是按照

原來的那個高度繼續跳；過了一週，那些跳蚤依然如故。它們已經習慣了輕輕地跳，從跳高冠軍變成了可悲的爬蚤！

　　後來，生物學家在玻璃杯下放了一盞點燃的酒精燈，隨著溫度的升高，跳蚤的潛能被激發起來，它們全都跳出了杯外。

培訓師講故事

　　世界檯球冠軍爭奪賽在美國紐約舉行，路易士・福克斯的得分一路領先，只要他再得幾分便可穩居冠軍寶座。

　　就在這個時候，他發現一隻蒼蠅落在了檯球上，便上前揮手將蒼蠅趕走，當他俯身擊球的時候，那只蒼蠅又飛到主球上，他在觀眾的笑聲中再一次起身驅趕蒼蠅，這只可惡的蒼蠅已開始影響他的情緒。

　　更為糟糕的是，蒼蠅好像是有意跟他作對，他一回到球桌再次準備擊球，蒼蠅又飛回到了主球上，引得全場的觀眾哄堂大笑。

　　路易士・福克斯的情緒惡劣到了極點，終於失去理智，憤怒地用球杆去擊打蒼蠅，球杆碰動了主球，裁判判他擊球，他因此失去了一輪機會。接下來，路易士・福克斯方寸大亂，連連失利，而他的對手約翰・迪瑞則愈戰愈勇，趕上並超過了他，最終奪得了冠軍。

培訓師講故事

蝴蝶化蛹是一個激動人心的過程，同時又充滿危險與痛苦。

不同的蝴蝶蛹期也不同，它們身體內部的器官要重新調整。當蛹就要變成蝴蝶時，可以看到翅膀的雛形。從蛹變成蝴蝶是自然界一種激動人心的奇觀，當蛹體破裂，成熟的蝴蝶小心翼翼地從蛹殼中艱難地爬出來，不斷撲打翅膀，然後它們的身體表面的液體被風吹幹，它們慢慢地展開了美麗的翅膀，接著飛向陽光明媚的天地。

蝴蝶蛹一般在敞開的環境中，鳳蝶和粉蝶以腹部末端的臀及絲墊附著於植物上，又在腰部圍著纏上一條絲帶，使身體呈直立狀態，而蛺蝶、灰蝶和斑蝶則是利用腹部末端的臀棘和絲墊把身體倒掛起來，稱為懸蛹弄蝶則多在化蛹前結成絲質薄繭，以保護自己。化蛹地點在樹皮下、土塊下、捲葉中等隱蔽處，去度過其一生最危險的時期和不利的季節。

蛹在外表上靜止不動，但其內部進行著劇烈的變化：一方面破壞幼蟲的舊器官，另一方面組成成蟲的新器官。擔任這個任務的是血液中的血球細胞。這種破壞同時伴隨著創新的過程，一般數天至數個星期內完成。在完成痛苦的變化改造後，蝴蝶就蛻去蛹殼，變成成蟲，這才脫皮而羽化成美麗的蝴蝶。

一個從蛹到蝴蝶的過程，充滿了危險和痛苦，這也是成長的必然過程。良好的基礎，再加上努力的工作，將成為美麗的蝴蝶。

培訓師講故事

耕柱是春秋戰國時期一代宗師墨子的得意門生，不過，他老是挨墨子的責罵。

有一次，墨子又責備了耕柱，耕柱覺得自己真是非常委屈，因為在許多門生之中，大家都公認耕柱是最優秀的人，但又偏偏常遭到墨子指責，這讓他面子上很過不去。

一天，他憤憤不平地問墨子：「老師，難道在這麼多學生當中，我是如此的差勁，以致于要時常遭到您老人家責罵嗎？」

墨子聽後，毫不動肝火：「假設我現在要上太行山，依你看，我應該要用良馬來拉車，還是用老牛來拖車？」

耕柱問答說：「再笨的人也知道要用良馬來拉車。」

墨子又問：「那麼，為什麼不用老牛呢？」

耕柱回答說：「理由非常的簡單，因為良馬足以擔負重任，值得驅遣。」

墨子說：「你答得一點也沒有錯，我之所以時常責罵你，也只因為你能夠擔負重任，值得我一再地教導與更正。」

耕柱從墨子的解釋中得到安慰，終於放下了思想包袱。

第六章

學習能力培訓遊戲

1 遊戲名稱：你要汽車還是羊

主旨：

任何遊戲都是具有娛樂性的，在培訓學習中，能讓你從中得到樂趣。這個遊戲，可以激發學員們的學習興趣。

 遊戲開始

時間：70分鐘

人數（形式）：不限

 遊戲步驟

（培訓師口述材料）90年代初，美國流行這樣一個智力題：

有三扇門，門後是一輛汽車和兩隻羊。讓你猜一次，猜中汽車你

可以開走汽車，否則去超市買點草喂羊。

你想得到汽車嗎？現在你可能猜中的那扇門(A)就是汽車，此時主持人把其中關羊的一扇門(B)打開，問你：你現在還有一個機會，可以選擇(C)門，你要換(C)門嗎？顯然答案是兩者選一：要麼換，要麼不換，但是當時在美國的爭議影響很大。下面羅列三種觀點：

⑴三扇門後面有車的可能性是一樣的，都是 1／3，換不換一樣，所以沒有必要換；

⑵ (A)門後面有車的概率是 1／3，(B)和(C)門的概率和是 2／3，現在(B)門不是車，那麼(C)門的概率是 2／3，應該換；

⑶做隨機實驗：結果 8 次中 6 次應當換。

那麼到底應該怎樣呢？

 ## 遊戲討論

1. 假設主持人總是打開「羊」的門，讓你再選擇。實際上，你得到車的概率總和為 1／2。（換不換一樣，所以沒有必要換，但概率不是 1／3。）

2. 假設主持人總是在你猜中汽車的情況下，打開「羊」的門，讓你再選擇；否則說你錯了。實際上，你得到車的概率為 1／3。（不換，因為主持人告訴你答案了。）

3. 假設主持人總是在你猜中汽車的情況下，打開「羊」的門，讓你再選擇；在你錯了的時候，有 50％打開「羊」的門，讓你再選擇。此時主持人有 2／3 的概率會打開門，你得到車的概率為 2／3 的 1／2 即為 1／3（換不換一樣，概率都是 1／3。）

4. 假設主持人總是在你猜中汽車的情況下，打開「羊」的門，讓你再選擇；在你錯了的時候，我們以上討論有 100％、0％、50％的可能打開「羊」的門的情況，現假定這種可能為？％……你現在是否對概

率產生了興趣呢？

5.大家是不是聽得一團霧水？這個遊戲需要仔細想一想，反覆研究，才能看懂。

6.這個培訓遊戲專業知識要求很強。

2 遊戲名稱：猜猜他是誰

主旨：

在處理人際關係時，首先是辨別不同的行為模式，並做出相應的反應。本遊戲就是試圖給員工們提供一個鍛鍊的機會，讓他們樹立起識別各種行為模式的意識，並培養識別的能力，分析這些不同行為模式所隱含的要求。

 ## 遊戲開始

時間：50 分鐘

人數(形式)：不限

材料準備：投影儀

 ## 遊戲話術

大家可以看見投影儀上的行為矩陣示意圖。這個所謂的行為矩陣在管理學中是很著名的，它呈十字交叉形狀，分為四個象限。

在這個矩陣中豎軸代表的是一個人的興趣、愛好或者是關注的焦

點。豎軸的座標越趨向上端，表示這個人對任務越感興趣。任務常常指的是：目標、想法、數位等等。這種類型的人可能更願意選擇工程師、會計、電腦程序師等工作。越靠近豎軸下方，越表示這個人對人更加感興趣，例如對情感、人際關係等更感興趣。這類人可能更加願意選擇心理、銷售或者政府官員等職業。

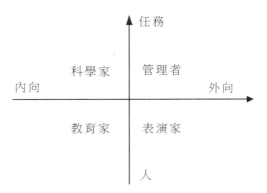

　　橫軸代表的是一種交流風格。靠左邊的人比較內向，相反靠右邊的人比較外向。從左上角順時針旋轉，四個象限分別代表的是：①內向，關注目標的人（例如科學家）②外向，關注目標的人（例如管理者）；③外向，關注人的人（例如表演者）；④內向，關注人的人（例如教育家）。

　　簡單說來，科學家對技術細節非常重視，甚至可以到吹毛求疵的程度；而管理者則希望分配下去的任務能夠很快完成（他們通常會說的話是：「讓我們抓緊時間吧，合約就要到期了。」）；能夠獲得大家的注意則是表演者追求的目標；教育家則從與他人之間的和睦相處中得到最大的滿足。

　　好，現在你們已經明白了行為類型的概念以及它們的要求了。有誰願意在此扮演一個角色？（有些時候，可能馬上就有學員同時主動站起來，但是有時候又未必如此。經驗告訴我們，每個人都會有表演

的慾望，在每一個群體中都會有表演者的存在。有些人只是暗地裏喜歡表演。所以你要有信心，繼續下去。）

　　誰願意幫我把剛才向大家介紹的學習要點解釋清楚？有誰能幫我這個忙——好的！查理，你可幫了我大忙了！謝謝你，哈哈——我還需要三個自願者！

 ## 遊戲步驟

1. 第一輪

　　選擇一位自願者，根據培訓師的描述或者是表演，將它們歸類到不同的行為類型中去。

　　①昂貴、保守的西服條紋套裝。（管理者）

　　②阿迪達斯的超強彈力套裝，外加一條價值昂貴的絲巾或者披肩。（表演者）

　　③一副「圖書館之友」的打扮：平底鞋、休閒褲子、套上一件寬鬆的俄羅斯手織的毛衣（科學家）

　　④一幅大框的黑邊眼鏡，深色褲子，上身著休毛衣，套一件寬鬆的夾克衫（教育家）

2. 第二輪

　　邀請另外一名學員，要求他們找出四種類型的汽車的主人：

　　①紅色的運動型汽車。（表演者）

　　②名牌銀灰色轎車。（管理者）

　　③白色小型運貨車，在車的保險杠上貼上標語：「孩子是未來！」、「你是孩子的榜樣！」。（教育家）

　　④耗油少，環保，EPA 比率好，根據消費排行榜，該車的二手車價格仍然很高。（科學家）

3. 第三輪

再邀請一位學員，讓他向培訓師一個問題：「現在是什麼時候了？」然後，請他根據培訓師的表演做出判斷：

①敲著你的表，說：「嗯，我的表顯示的是 11：17，但是這可能不準確，我的表好像每週慢 13 秒，因為機芯是好的，否則表的計數就不會工作了，所以可能是心磁場的譜系受到了太陽黑子的影響……」（科學家）

②「哦，是不是你的表壞了？那，用我的吧！」（教育家）

③「哈哈！到了喝啤酒的時候了！」（表演者）

④「10 點！」（管理者）

4. 第四輪

讓三個學員邀請你一起吃晚飯，然後請他們根據你的回答內容來判斷談話者的身份：

①「哦，非常感謝你的邀請！你現在好嗎？要我來開車吧？你看上去好像很疲倦！」（教育家）

②「好，我們五分鐘以後餐廳見。」（管理者）

③「嗯……現在沒有準兒。你準備什麼時候出發？我要花上多長的時間開車到吃飯？這家飯館有些什麼菜？我可不吃酸的。那個日本人村上一起去嗎？我不喜歡村上……」（科學家）

④極富熱情的說：「非常高興！非常願意！我知道一個不錯的地方，我和幾個朋友經常去那裏，那裏夥計不錯。我這就給他們打電話。他們會將最好的座位留給我的。對了，附近還有幾個小酒吧，我們吃完飯後還可以去酒吧享受一下那裏的氣氛。就這樣決定了！」（表演者）

最後，向學員致謝，對他們出色的分析能力和豐富的想像力大加讚賞。

遊戲討論

1. 你喜歡那種行為類型的人？為什麼你會喜歡這種風格呢？

2. 每一種行為類型的人都能夠為他人提供自己的優勢和天賦。你將怎樣利用他們的這些優勢為你的團隊做出巨大的貢獻？

3. 想一想，一個人是否能總是處於一種行為類型而終生不變呢？答案是否定的。大多數人只有一種自己喜歡的風格，但是也有一個退而求其次的第二風格。只有少數人似乎能夠在多種行為類型中應對自如。

4. 你認為自己是屬於那一種行為類型？請你舉出一兩個實例來說明並佐證。

5. 我們可以對一個人下斷言：「我知道你屬於那個行為類型，所以我知道你會怎麼做」嗎？答案是否定的，我們絕對不能用行為類型的指標將人分門別類。這樣做，就像要將空氣分格子一樣——徒勞無功。

3 遊戲名稱：啤酒批發大競賽

主旨：
　　每次玩這個遊戲，相同的危機還是一再發生，得到的結果卻不一樣：下游零售商、中游批發商、上游製造商，起初都嚴重缺貨，後來卻反而嚴重積貨。如果成千成萬來自不同背景的人參加遊戲，卻都產生類似的結果，其中原因必定是超乎個人因素之上。某些特別原因必定藏在遊戲本身的結構裏面。

 ## 遊戲開始

　　時間：40 分鐘

　　人數（形式）：不限

 ## 遊戲話術

　　優秀的團隊不可缺少的因素，就是員工的學習能力。要這個遊戲的情節非常的複雜，要用心聽清遊戲的情節。遊戲方法如下：

　　在這個遊戲裏，有三種角色可讓學員來扮演。從產/配/銷的上游到下游體系，依序為：

　　1.「情人啤酒」製造商；

　　2. 啤酒批發商；

　　3. 零售商。

　　這三個企業之間，透過訂單/送貨來溝通。也就是說，下游向上

游下訂單，上游則向下游供貨。

　　遊戲是這樣進行的：由一群人，分別扮演製造商、批發商和零售商三種角色。彼此只能透過訂單送貨流程來溝通。各個角色擁有獨立自主權，可決定該向上游下多少訂單，向下游銷出多少貨物。至於終端消費者，則由遊戲者自動來扮演。而且，只有零售商才能直接面對消費者。

　　零售商的常態：

1. 銷售、庫存、進貨；
2. 訂貨時間約為 4 週；
3. 每次訂貨 4 箱啤酒。

（一）安分守己的零售商

　　首先，先假設你扮演的是零售商這個角色。你是個安分守己的零售商，店裏出售許多商品，啤酒是其中一項頗有利潤的營業項目。平均來說，每一個禮拜，上游批發商的送貨員都會過來送一次貨，順便接收一次訂單，你這個禮拜下的訂單，通常要隔 4 個禮拜才會送來。

　　「情人啤酒」是其中一個銷量頗為固定的品牌。雖然這品牌的廠商似乎沒做什麼促銷動作，但相當有規律的是，每週總會固定賣掉約 4 箱的情人啤酒。顧客多半是 20 來歲的年輕人。

　　為了確保隨時都有足夠的情人啤酒可賣，你嘗試把庫存量保持在 12 箱。所以，每週訂貨時，你已把「訂 4 箱情人啤酒」視為反射動作。

　　為方便起見，我把進貨、訂貨、售出、原本庫存量、結餘庫存量這五項數位，用圖形來表示。接下來，就讓我們來看看啤酒遊戲的進行，零售商如何應對客戶的購買行為、上游的進貨行為。

零售商　一至六週

第一週：風平浪靜。第一週，一如往常，賣出 4 箱、進貨 4 箱、結餘 12 箱。所以你也一如往常，向批發商訂貨 4 箱。

第二週：多賣了 4 箱。第二週比較奇怪，情人啤酒突然多賣了 4 箱，變成 8 箱。因此，店裏庫存就只剩下 8 箱。雖然你不知道為什麼會突然多賣了 4 箱，也許只是有人舉辦宴會、多買了一些啤酒吧！為了讓庫存量恢復到 12 箱，你這個禮拜向批發商多訂了 4 箱，也就是訂了 8 箱。

第三週：還是一樣。這一週跟上一週一樣，還是賣出了 8 箱。批發商的送貨員來，送來的情人啤酒數量，正是 4 週前向他所訂的 4 箱。現在，情人啤酒的庫存量只剩 4 箱了。如果下個禮拜銷售量還是這樣的話，下個禮拜結束時，就要零庫存了！為了趕快補足庫存，你本來打算只訂 8 箱；但是，怕銷售量會再上升，為了安全起見，你多訂了一點，訂了 12 箱。

第四週：原來如此。這一週，還是跟上一週一樣，賣了 8 箱情人啤酒。有一天，你抽空問了一個買情人啤酒的客人，才知道：原來在第二週時，有個合唱團的新專輯的主打歌裏，結尾是一句：「我喝下最後一口情人啤酒，投向太陽」的歌詞。可能因為這樣，所以銷售量就變多了。「奇怪，如果這是啤酒製造商或批發商的促銷手段，為什麼他們沒事先通知我一聲呢？」這一週進貨量為 5 箱，嗯，批發商也開始對增加的訂單做出反應了。你預期銷售量可能還會上升，而且庫存也只剩下 1 箱了。所以，這一次一口氣訂了 16 箱。

第五週：庫存空了……本週，還是賣了 8 箱。進貨 7 箱，表示上游批發商真的開始回應了。不過，庫存變為 0 了，望著空空的貨架，你決定跟上週一樣，訂 16 箱，以免落得「流行啤酒沒貨」的窘狀，影響商譽。

第六週：開始欠貨。真慘！本週只到了 6 箱情人啤酒而已。還是有 8 箱啤酒的顧客需求量，但庫存已經耗盡。你只好那兩位預約的老顧客說：下一次一有貨，一定先通知你們……望著空空的貨架，想著：要是還有貨，不知道可以多賺多少筆呀……真可惜……好像方圓百里，只有你這一家才有情人啤酒。而且，照顧客預約的情況看來，搶手程度好像還會增加，以前可從來沒有人會預約的……本來想再多訂一點，但，一想到前幾週多下的訂單，可能就快送過來了。於是，你抑制住衝動，還是維持原狀：訂了 16 箱。希望本週欠 2 箱的慘狀能趕快解決掉。

零售商　七到八週

第七週：依舊。這一週，還是只進貨五箱。五箱情人啤酒，剛把其中兩箱賣給上週預約的顧客，不到兩天，剩下的又賣完了。更慘的是，有五位顧客留下他們的聯絡資料，希望你一有貨就通知他們。結果，本週欠了 5 箱貨。你另外訂了 16 箱，並禱告說下週會真正開始大量進貨。

第八週：火大。還是只進貨 5 箱。「火大了！該不會是製造商的生產線還沒趕上增加的需求量吧！真是的！反應這麼慢！本週，你訂了 24 箱，以免欠貨量越來越大，生意不用做下去了。

（二）安分守己的批發商

你是個安分守己的批發商。你代理了許多品牌的啤酒，情人啤酒也是其中之一。比較特別的是：你是本地的情人啤酒獨家代理商。你本週向製造商下的訂單，通常約 4 週會送過來。因為情人啤酒銷售量一向很穩定，每週銷給零售商的總數量都差不多是 4 卡車的量，所以，你固定每週向製造商訂 4 卡車的情人啤酒，維持 12 卡車的庫存。

第一至二週：一如往常。第一週，風平浪靜，所以，你還是向製

造商訂 4 卡車啤酒。

第二週，有一兩個零售商多訂了一點情人啤酒，不過，總的來算，總訂單數量還是一樣。所以，你還是向製造商訂 4 卡車啤酒。

第三週：小波動。好像多一點的零售商多下一點訂單了，所以，你多銷 2 卡車的情人啤酒，庫存也減少了 2 卡車的量。為了恢復原先所維持的庫存量，你向製造商多訂了 2 卡車，也就是訂了 6 卡車的情人啤酒。

第四至六週：持續暢銷。第四到第六週，情人啤酒的銷售量似乎越來越好，使零售商給的訂單越來越多。但是，上游製造商給的貨還沒增加，沒辦法同時滿足所有零售商的需求，所以，只能一邊給他們比平常多一點點的情人啤酒，一邊向製造商下多一點的訂單。只有等到製造商送過來多一點的數量，才能把零售商給的訂單消化光吧。

第七週某一天，你偶然聽到首流行歌曲有「情人啤酒」的字眼，恍然大悟！可能這種暢銷趨勢還會持續好一陣子……。

第七週結束，庫存量變負的了，總共積欠了 8 卡車的數量。真慘！趕緊向製造商下 20 卡車的訂單！

第八週：越來越慘。零售商的訂單持續增加，製造商的進貨卻還沒反應過來。打電話和製造商聯絡，赫然發現他們居然兩個禮拜前（也就第六週）才增加生產量！「我的天！他們真是反應遲鈍！我要怎麼跟下游零售商交代呢？只好先比照上個禮拜的數量給他們了……」從零售商傳過來的越來越多的訂單看起來，情人啤酒的銷售成績似乎真的一直在長，一咬牙，把向製造商下的訂單提高到 30，但願能趕快把積欠訂單消化掉。

第九至十三週：訂單持續增加、存貨持續赤字、進貨緩慢增加。總之：持續惡化！可憐的你，開始增加流連在附近酒吧的時間了，因為你開始害怕接聽零售商打來的催貨抱怨電話了。顯然，情人啤酒製

造商也跟你有一樣的逃避想法，因為你也開始找不到他們的負責人員。

第十四到十五週：進貨終於大量增加了，積欠數位也終於可以開始減少了。這時，零售商送來的訂單也減少了，你想，可能是這兩週送給他們的貨讓他們可以少訂一點了吧！

第十六週：到第十六週，你幾乎已收到前幾週所下的訂單的數量：55卡車量。望著成堆的啤酒箱，你想，這些東西很快就可以賣出去了，終於可以痛痛快快地大賺一筆。可是，零售商送來的訂單，怎麼一個個都變成0了呢？怎麼搞的？前幾週，他們不都一直嚷嚷著要多一點啤酒嗎？怎麼我一有足夠的貨，他們卻都不要了？一股寒意湧上心頭，你趕緊取消向製造商發出的訂單。

第十七週，製造商送來60卡車的情人啤酒，但零售商仍然沒再下訂單。上週的55卡車量，加上這禮拜的60卡車量，真糟糕！堆積如山了！可惡！那首情人啤酒歌不是還在流行嗎？怎麼這些零售店都不再要求進貨了？再不過來訂貨，就把那些該死的零售商打入第十八層地獄！……之後，零售商還是沒再下訂單。該死的製造商，卻仍然一直送來60卡車的情人啤酒。可惡的製造商！幹嘛還一直送貨進來？

（三）安分守己的製造商

你剛被這家啤酒製造商僱為配銷及行銷主管。情人啤酒是其中一項產品，從製造到出貨，約要花上2週的時間，它的品質不錯，但行銷不太出色，公司希望你能加強行銷。

第六週：訂單急劇上升。不知怎麼的，就任才6個禮拜，情人啤酒的訂單突然急劇上升。運氣真好！怎料到一首帶有「情人啤酒」字眼的流行歌曲，剛好在你上任時就冒出來。更想不到的是，它還會讓

訂單猛然變得那麼多！真是無心插柳柳成蔭呀！呵呵！因為從製造到完成共需約 2 週的時間，所以你趕快增加生產線。

第七至十六週：成為英雄。訂單持續增加，但生產線才剛擴大一點，庫存量又有限，很快的，就耗光了。於是，你又擴大生產線，希望能趕快消化訂單。此時，你已成為公司裏的英雄。廠長也開始給你獎勵，以鼓勵他們加班，並考慮招募新的幫手。訂單不斷增加，你已開始盤算自己的年終資金會增加多少。不過，產量仍然趕不及訂購量。直到第十六週，才真正趕上未交的積欠數量。

第十七週：生產量趕上了，但是，怎麼批發商送來的訂單變少了？

第十八週：奇怪，他們怎麼都不訂了？有些訂單還可以看出打個大叉叉的刪除痕跡……

第十九週：訂單還是 0，可是，生產好像開始過剩了……你戰戰兢兢地向主管提出解釋：「也許是斷續現象吧」、「可能是消費者需求暴起暴落……」。但幾個禮拜過去了，情況依舊，面對堆積如山的過剩生產品，你歎口氣，心裏想著準備遞上辭呈吧……

 ## 遊戲討論

1. 真的是「客戶需求暴起暴落」嗎？

啤酒遊戲源自於二十世紀六十年代的 MIT 的 Sloan 管理學院，成千上萬的各式各樣背景的學員、經理人都實驗過，得到的悲慘結果也幾乎一樣：下游零售商、中游批發商、上游製造商，起初都嚴重缺貨，後來卻嚴重積貨。這位行銷主管推測原因是「客戶需求暴起暴落」。他的推測是正確的嗎？如果仔細看看客戶的購買行為，可發現：只有在第二週的購買量達到 8 箱，然後就一直維持 8 箱的購買量。自第二週起，購買量一直穩定不變，並沒有所謂的「客戶需求暴起暴落……」現象。那麼，問題出在那裏呢？該怪罪誰？零售商起初怪罪

批發商不快點增加進貨，到了後來，卻抱怨批發商進過多的貨讓他們庫存自第十六週起開始暴增，所以不再訂貨。

批發商一方面怪罪下游零售商，一開始時拼命增加訂單，到第十六週卻又取消訂單。另一方面他也怪罪上游製造商，一開始一直缺貨，第十七週起一直進太多的貨。製造商也怪批發商一會兒要太多貨、到後來卻不再要任何貨。只好推測是「客戶需求暴起暴落」導致……

但是，從這三個產/配/銷角色裏，我們看到，每個人都在自己的崗位上，以自己的理性盡力做好行動與判斷決策。那麼，到底該怪誰？

2. 從這個啤酒遊戲的教訓可知：結構會影響系統的總合行為。不同的人，置身於相似的結構當中，傾向於產生類似的結果。但是，參與系統的各個分子，常常只見樹木而不見森林，只能針對眼中所見的 Local 資訊，做 Local 的最佳的決策。不幸的是，每個人 Local 最佳決策，不見得會導致整個系統的 global 最佳決策。像啤酒遊戲裏頭，不管是下游零售商、中游批發商，還是上游製造商，每個人都在自己的崗位上、對自己所能接觸的 Local 資訊做出最符合本身預期的善意、果決、最佳的決策，但結局卻是……能怪罪任何一個分子嗎？

經濟學裏，有一個「存貨加速器理論」，正是用來解釋這種「需求小幅上揚，卻導致庫存過度增加，進而引起滯銷和不景氣」現象的商業景氣循環理論。你若是缺乏這種全面關照的角度，就無法跳脫這種結構所限的個體行為。

4 遊戲名稱：活到老就要學到老

主旨：

「活到老，學到老」，知識永無止境，企業員工應不斷汲取新知識。本遊戲就是鼓勵大家投入到學習環境去。

 遊戲開始

時間：45 分鐘

人數(形式)：不限

遊戲準備：事先準備好練習題、展示牌(掛鈎與掛環、磁鐵、粉筆等等)銀幣和面值為 100 元的紙幣。

 遊戲話術

學習是個終身的過程。你永遠不能說：「我們已經是個學習型組織」。實際上，學得愈多，愈覺察到自己的無知、不足。因而，一家公司不可能達到永恒的卓越，它必須不斷學習，以求精進。

 遊戲步驟

1. 培訓師在培訓前先發給學員們一些學習資料，或者更省力的辦法是將這些學習資料寄給各培訓學員，讓他們有充足的時間學習資料上的知識。

2. 選擇一些培訓資料上比較有難度的，也就是說難度在中等偏上的知識（例如：一個新產品的性能）。培訓接著把正確的提法和錯誤的提法彙編成選項，混在一起，寫到兩塊大公告牌、熒幕或者是紙板上面。

3. 請參加培訓的學員就坐，然後將已準備好的告示牌、熒幕或者紙櫃背對著他們，不要讓學員們看到題目。

4. 請四名志願者，分成兩組分別答題。要求他們在正確選項旁畫「√」，在錯誤的選項旁邊畫「×」。

5. 五分鐘之後，第一組停止答題；請第二組答題，時間也是限定在五分鐘。

6. 當第二組答題結束之後，把公告牌轉過來，朝向與會人員，請他們指出答案中的錯誤之處。每挑出一個真正的錯誤，可獲得一個銀幣。獲得銀幣最多的學員，可以獲得一種精美的禮物。

7. 錯誤較少的一組為獲勝的小組，小組成員可以獲得五十元的獎勵。

8. 培訓師告訴獲勝的學員：這一練習既增強了大家的競爭意識，又向他們提供了獲得獎勵的機會。這實際上是一種測驗全體學員知識水　的「有趣」方式。「勝利者」通常會為「失敗者」買些零食，這反映了同伴之間的情誼。

 遊戲討論

1. 學員們在本遊戲中都學習到了一些什麼專業知識？這種學習的方法你們以前是否已經用過了呢？

2. 有多少人肯定這種學習方式？你們認為還可以將這種學習的方法改變一下嗎？

3. 通過這個遊戲，你們是否感覺到應當加強專業知識的學習？目

前我們可以採取何種措施來改善這種狀況？

　　4. 今後，你應該怎樣去改善學習方式？

5 遊戲名稱：誰是最大贏家

主旨：
　　人與人交換思想，雙方就會擁有兩種思想，那麼與更多的人交換思想，就可以擁有更多種思想，變得睿智起來。在工作中做到充分交流，虛心接受別人的意見和看法，自己就是最大的贏家。

 ## 遊戲開始

　　時間：45 分鐘

　　人數(形式)：團體參與、培訓師主持。

　　材料準備：卡片、門票或玩具鈔票。

 ## 遊戲步驟

　　1. 發給每位與會人員一些玩具鈔票或卡片，可以事先寄給他們，也可以在第一次會議開始前一天發給他們。

　　2. 請他們在每張鈔票上寫一個好主意，一共要寫下五個好主意。最好是圍繞一個問題來寫。例如「怎樣鼓勵回收利用廢品或者鼓勵共乘一輛汽車？」或者是對一個促銷活動的主題或口號提些建議。

3.讓他們在玩具鈔票上簽上名字,告訴他們這些主意將被大家評判和分享。

4.在第一次會議上,把玩具鈔票或者卡片收上來,混放在一個盒子裏。

5.請每位與會人員抽取五張鈔票或者卡片(不是他們自己寫的)。

6.請與會學員從中挑選出他認為是最佳主意的一張,在想出這個主意的人簽的名下簽上自己的名字,把它選為會議主持人。

7.會後,主持人把所有簽名登記在活紙、幻燈片或掛圖上。

8.在會議進程中選一個合適的時間,大聲讀出這些得到提名的好主意,請用舉手或不記名評分的方式做出評判,可採用五分制或十分制。

9.在給所有主意都評完分之後,向前三名(或前五名)頒發獎品,既頒發給主意的創始人,也頒發給「慧眼識珠」的提名人。同時說明其他與會人員也是「贏家」,因為他們知道了這麼多好主意。

 ## 遊戲討論

1.如何將這個技巧運用到工作中去。

2.你獲得了那些有用的東西?

3.廣泛的參與,團結協作的精神等,是你在這個遊戲中獲得的主要成果。

4.請員工提出關於安全、贏利、簡化工作流程……等方面的建議。

5.鼓勵員工學習好的工作方法、好的想法。

6 遊戲名稱：找問題

> **主旨：**
> 　　未來真正出色的企業，將是能夠設法使各階層人員全心投入，並有能力不斷學習的組織。本遊戲通過問題的形式，讓培訓學員瞭解到相互溝通資訊，交流知識。

 ## 遊戲開始

　　時間：70分鐘

　　人數（形式）：不限

　　材料準備：問題板、記錄本、帶有問號「？」的粘紙

 ## 遊戲話術

　　「提出一個好問題，往往是成功的一半！」那麼你有什麼好問題，現在讓我給你一個機會，讓你一次問個夠！

 ## 遊戲步驟

　　1.請全體學員到自己的位置上坐好，然後告訴他們：提問題的能力，能夠表現出學習者的好奇心，也能在一定程度上表現出他是否是一個好的學習者。而準確回答問題的能力能表現他是否真正掌握了知識要領。

2. 在學員中，邀請兩名志願者，其中一名指定為 A，另一名指定為 B。請兩名志願者 A、B 走到培訓答題板前面，面對大家。

3. 培訓者在答題板上放上多個粘有「？」的粘貼板。

4. 然後請 A 不停地問 B 問題，規定時間三分鐘，這些問題可以是 A 知道答案的，也可以是他不知道答案的。如果 B 可以回答此問題，並且回答的答案是正確的，那麼 B 就將答題板上的「？」粘貼板翻過去，將另一面放在上面。

5. 培訓師記錄下他們都不能回答的問題或者 B 回答錯誤的問題。三分鐘過後，這兩位搭檔角色互換。由 B 提出問題，A 來回答。其他的規則相同。

6. 在第二輪問題回答結束之後，由培訓師和全體學員一起來回答那些兩個人都不能解決的問題，或者 B 回答錯誤的問題。

7. 如果培訓計劃時間安排充裕，可以再邀請兩名學員到答題板前重覆這個遊戲。

 ## 遊戲討論

1. 在這個遊戲，上場的兩位學員配合的時候，是否能夠迅速回答出對方所提的問題？你認為回答搭檔所提的問題需要那些技巧和方法？

2. 你們從本遊戲中學習到了那些知識和學習知識的技巧？

3. 當你知道自己的答案是錯誤時，你有什麼感受呢？這樣的情形出現了多少次呢？

4. 當你面對一個完全陌生的問題，你是如何著手來回答的？你是否想過放棄？

5. 你是否曾經想過學習不需要勇氣，在以前的學習過程中，你是否體會到了這一點？

7 遊戲名稱：如何分割水池

主旨：
只有不斷刺激、活化思維，才能促進右腦的健康發展，促進思維能力的不斷提高。如果能有效地、均衡利用你的創新思維，你的學習能力將會有一個極大的提高。

 ## 遊戲開始

時間：45 分鐘

人數(形式)：不限

材料準備：將下圖和答案製作成投影

 ## 遊戲話術

我們中間有工程師嗎(培訓師先舉手示意)。

如果我們沒有工程師的幫助，那這個思考題對你們是有些難度的。不過沒關係，動動你們的腦子，就能找到答案。記住一定要突破以前思維模式的禁錮。

下圖中有一個正方形水池。水池的四個角上，栽著四株老橡樹。現在要把水池擴大，使他的面積增加一倍，但要求保持正方形，而又不移動老橡樹的位置。

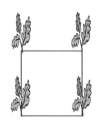

 ## 遊戲討論

1. 這遊戲是否能給你們啓發？

2. 為什麽在答案未公佈以前，你們有大腦會一片空白，最後有多少人能夠找到答案？

3. 為什麽大多數人沒有得出答案，是不是因為他們不能堅持到底，當他們想不出結果時，他們就放棄了？

4. 關於創造性、新穎性，你們學到了什麽？

※參考答案

要把水池擴大一倍，保留原來的形狀，而且不移動四株老橡樹，是完全可以做到的。下圖表明：讓四株老橡樹恰好位於新擴建的正方形水池四條邊的中點，這樣挖成的新水池，其面積正好是舊水池的一倍。這是不難驗證的：只要在代表舊水池的正方形上劃出對角線就可以了。結果讓你們吃驚嗎？

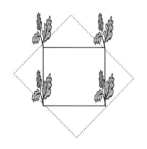

8 遊戲名稱：克服恐懼感

主旨：
使學員認識到公開講話是很正常的。通過學員自身登台講話，幫助其克服內心的恐懼，激勵他正視自身的能力和優點，並培養他的自信心和對公開講話的情緒駕馭能力，做到登台講話發揮自如。

 遊戲開始

時間：20 分鐘。

人數(形式)：12 人(4 人一組)

材料準備：準備透明膠片，列明內心的恐懼項目和建議手冊。

場地：教室

 遊戲步驟

1. 這個訓練對新的講師或那些需要提高講課技巧的兼職講師，以及需要進行內部或公開演講的人員是十分有益的。

⑴在開始前，問學員：「你認為大多數人最害怕的是什麼？」。

⑵將答案簡明地寫在黑板上或牆表上。詢問大家對於最大的恐懼是否意見一致。

⑶舉例而言，出示下面專家所列的恐懼清單。

人的十大恐懼

⑴登高；　　　　　　　　⑵蟲子；

⑶疾病；　　　　　　　　⑷人身安全；

⑸在公眾前講話；　　　　⑹金錢困擾；

⑺黑暗；　　　　　　　　⑻死亡；

⑼孤獨；　　　　　　　　⑽蛇。

⑷向學員指出，如果資訊正確，那麼很多人都有類似的恐懼，覺得做一場精彩的學說或開展產品培訓課程是一種挑戰。

⑸請學員共同回憶，以發掘可以避免或克服恐懼的各種方法。

⑹展示小組討論的結果，以供組員在適當的機會將他們認為有用的方法記錄下來。

2. 其他可選的操作流程：

⑴可以用這個活動作為討論的導火線，也可以用來結束討論。

⑵可以向組員發放「關於如何克服在人群前講話的恐懼」的建議手冊。

⑶如果小組成員較多，可以分成若干小組進行（5 人一組）討論，每組必須提供至少 5 種建議。

 遊戲討論

1. 你在公眾場合說話為什麼會感到恐懼？

2. 你害怕那些事物？

3. 怎樣才能克服恐懼？

克服演講恐懼的一些建議

· 熟悉演講內容(首先成為一個專家);

· 事先練習演講內容(可以自己拍攝錄影研究);

· 知道參與者的姓名並稱呼他們的名字;

· 儘早建立自己的權威;

· 用目光接觸學員,建立親善和諧的氣氛;

· 進修公開演講課程;

· 展示你事先的準備工作(通過分發演講稿等方法);

· 預測可能遇到的問題。(並準備相應回答方法);

· 事先檢查演示設備及視聽器材;

· 事先獲得盡可能多的參與者的資訊(通過觀察或問卷);

· 放鬆自己(深呼吸,深思一會,內心對白);

· 準備一個演講大綱並按部就班地進行;

· 儀容儀表(穿著舒適而得體);

· 好好休息,使自己的身心保持警覺機敏;

· 用自己的方式,不要模仿任何人;

· 用自己的辭彙,不要照章宣讀;

· 站在學員的角度看問題;(他們會想:我能從中得到什麼呢?)

· 設想學員和你站在一個立場(他們沒必要非與你敵對不可);

· 對演講提出一個總的看法(陳述演講的目的所在);

· 接受自己的恐懼,把它看做是一件好事(它能激發鬥志);

· 把你的恐懼分類,看看那些是可控的,那些是非可控的,並找出
  相應的對抗恐懼的方法;

· 把自己想像成一個出色的演講者;

· 多考慮如何應對困難的處境和刁鑽的問題;

· 營造一種非正式的氣氛,(坐在桌上講話)。

9 遊戲名稱：認識 SWOT 分析

主旨：

這遊戲可以幫助學員對自身作出正確的評價，充分認識到自身的優點和缺點，找出自我學習的最佳方法，不斷充實和提高自身實際水準，並切實把身己融入到團隊中，發揮個人在團隊的作用，以達到和團隊共同進步的目的。

 遊戲開始

時間：40 分鐘

人數(形式)：先個人完成，而後進入 5 人小組討論

材料準備：SWOT 分析表

場地：教室

 遊戲步驟

1. 培訓師發給每位學員一張 SWOT 分析表。
2. 讓學員把自己的優勢、劣勢、威脅及機遇填在 SWOT 分析表中。
3. 學員進入小組與小組的其他成員分享。

《自我 SWOT》操作指導圖形

Strengths 優勢	Weaknesses 劣勢
1.	1.
2.	2.
3.	3.
4.	4.
5.	5.
Opportunities 機會	Threats 威脅
1.	1.
2.	2.
3.	3.
4.	4.
5.	5.

 遊戲討論

1. 當你為自己做了 SWOT 分析之後，是否對自己更加深刻認識了？

2. 小組的其他成員分享經驗之後，學到了些什麼？

3. 毫無疑問，通過自我 SWOT 分析使你對自己有了更準確和深刻的瞭解。

4. 在與其他組員分享的時候，注意傾聽其他組員所說的話，優勢互補，便於融入團隊當中。

10 遊戲名稱：你要除舊佈新

主旨：
這個遊戲可以訓練學員的應變能力以及創新意識，要求學員要不斷採用新的思維方式以適應新的環境變化。

 ## 遊戲開始

時間：45 分鐘

人數（形式）：8 人（個人完成）

材料準備：複印材料或幻燈片，上面寫明舊的及新的方向。

 ## 遊戲步驟

1. 把材料發給與會人員，或用幻燈片給他們展示你希望他們學習的新方向。

2. 給他們 3 分鐘時間去記憶「舊」方向與「新」方向之間的聯繫。

3. 一切就緒後，請他們把材料放在一旁，面對教室前方站立。

4. 按照「上、下、左、右、前、後」的順序依次給他們下十個老方向的指令，請他們在 3 秒內說出新方向並做出相應的動作。

5. 請他們就自己完成的準確程度計分。

遊戲討論

1. 你怎樣做才能幫助與會人員擺脫以往知識的影響，從而為更好地學習新知識做好準備？

2. 如果你想遊戲更好玩、有趣，就讓他們面對面站成兩排！

3. 徹底忘掉老的方向，並把新方向當作真理去實踐，你就能儘量減少老方向的影響。

學習的新方向

老方向	新方向
上	右
下	後
左	下
右	前
前	上
後	左

4. 事過境遷，時過境遷，在恰當的時候，要開始重新認識人和物。

11 遊戲名稱：交接工作

主旨：
如果團體是個學習型的組織，那麼它就會保持旺盛的生命力。
企業持續發展的能力在很大程度上取決於企業的學習能力。我
們應該自我施加學習壓力、動力，形成企業有競爭優勢的學習能力。

 ## 遊戲開始
時間：80 分鐘或不限
人數（形式）：不限

 ## 遊戲話術
你認為你所在的團體是一個學習型組織嗎？（培訓師先讓學員
討論 3 分鐘。）

關於學習型組織，彼得‧聖吉曾經說過：學習型組織是一個不
斷創新、進步的組織。在其中，大家得以不斷突破自己的能力上限，
創造真心向往的結果，培養全新、前瞻而開闊的思考方式，全力實現
共同的抱負，以及一起不斷學習如何共同學習。

大家都知道，我們團隊的發展離不開知識以及技術的培養。我
們今天要做的遊戲，是想幫助大家提高結構性提問的技能。我現在需
要三名志願者。

遊戲步驟

※第一部份

角色分配 1：繼任者角色

現在你考慮這樣一種情況，你要到另一部門去接任工作。你知道你要接任的工作是什麼，但是你不知道和什麼人一起工作。你必須面對這個現實。

在這個練習裏，你將有機會計劃並組織一次面談，面談的對象是那個你即將接替的前任。你要確定需要瞭解什麼資訊，並制訂一個提問單，以便在面談中使用。

現在，我就是那個繼任的人。另外兩個人中，一個是你的前任，一個是面談時的觀察者，你們三個人共同完成這個管理遊戲。

角色分配 2：前任角色

當你扮演這個角色時，你在心裏準備幾個話題：主要是一些有關與你一同工作的人的特點和工作中的一些問題。這樣，你可以有準備地回答你的繼行者所提出的問題。同時，你要運用你的想像力，使你的回答具有真實感。

在回答問題時，你可以真實的工作作為背景，也可以根據你的想像，但是你的回答必須自然，盡可能回答所提出的問題。

角色分配 3：觀察者

你的角色是觀察，不要說話。如果你願意的話，可以做些筆記。你觀察要點如下：

1. 提問的類型和回答的方式：

2. 問題提出的方式恰當與否；

3. 其他對談話有幫助的行為等。

當談話結束後，你把你觀察的結果向兩個人反饋（特別是提問

者）。你的反饋是描述你觀察到的實事，而不是評價，重點放在提問的結構方面。

※第二部份

三個人要輪換扮演不同的角色。閱讀完上述內容提要後，請看第二部份，並用 15 分鐘準備各自的角色。

現在你有 10 分鐘的時間來考慮你的角色。你的目的是盡可能多地瞭解有關你即將接手的工作的資訊。這些資訊應是非技術性的，僅涉及有關共事人及所存在的問題。你現在開始準備要問的問題，以便幫助你完成這次面談。注意你所選擇的提問類型，完成對實事、觀點、建議等方面資訊的收集。應記住這次面談是真實的，而且對對方都有很大影響。當然，在提問過程中，你可以保留一定的自由度，允許你對資訊做出適當的反映。等你的小組成員都準備好了之後，可以進入第三部份的面談了。

※第三部份

面談：每次面談時間為 10 分鐘，然後是 5 分鐘的總結（由觀察者），而後雙方交換角色。

 遊戲討論

在角色扮演結束後，每小組根據各自體會進行討論。討論的內容是：

1. 你在角色扮演中，感覺到你的技巧有了那些方面的改善？

2. 根據角色扮演中的體會，將如何使你的提問技巧更完善？

3. 在這個遊戲中，你只是用語言以完成提問。而在現實生活中，當你面對複雜的工作環境，處理變化的工作事務的時候，你能夠靈活地運用這些技巧嗎？

4. 有那些提問技巧是你事先考慮到，但最終卻沒有得到運用的？

為什麼沒有運用？什麼提問技巧是你沒有想到的呢？

5.你們的談話是不是按照你預先設想的方式進行的？

6.問你的前任者：不得不調整思想等，以適應繼任者的提問，這種感覺怎樣？（有的人會回答說喜歡這樣，而另外一些人會說，這使他們感到厭煩。）當你應對繼任者提問的時候，你有什麼感覺呢？

12 遊戲名稱：佈置培訓室

> **主旨：**
> 創造力較強的人，一定會發揮自己的聰明才智，為自己的學習或者工作提供一個輕鬆愉快的環境，使枯燥乏味的工作變得有趣起來。

 ## 遊戲開始

時間：55 分鐘

人數(形式)：12 人

材料準備：花草、樹木等植物、小孩的照片、牆上的一些裝飾物、或者是掛在牆上的風鈴等材料、快照相機。

 ## 遊戲話術

一家美國航空公司把它的 15 個管理培訓人員召集起來，要對一個新的管理培訓專案進行兩天的討論，召開會議指定的房間空空蕩蕩

的，根本無法激發人的創造性。

為了更有效地進行討論，他們移走了房間裏沈悶的家具，將房間「種」上椰樹，掛上他們喜愛的圖畫或者照片，放上舒適的椅子，簡直將房間變成了一個「討論的海灘」。在這裏大家暢所欲言，相互盡情地交換意見。可以看出，這樣輕鬆的自然環境，對於人們的創造力有著極大的幫助。

今天我們大家召集到一起，準備花三天的時間，用快速學習的原理與方法重新設計他們的幾門課程。可是，大家注意到我們沈悶的培訓室了嗎？是的，它是那樣地封閉我們的才智。為什麼不改變這樣的環境呢？好吧，大家起立。一起來為我們製造一個理想的培訓空間。

 ## 遊戲步驟

1. 從參加培訓的學員中挑選 5 人，組成評議團，其餘的學員分成 5 人一個小組。

2. 給每個小組 5 分鐘的時間，進行策劃和裝飾設計。

3. 讓他們上場開始裝飾培訓室。

4. 其他的學員可以在旁邊觀看，但是不可以出聲，或者以其他的方式與上場的學員交流。

5. 培訓師在 20 分鐘以後，要叫停。由上場學員講解他們的設計，拍下佈置好的培訓室的照片。讓學員到休息室休息，等候通知。

6. 將培訓室恢復原狀，第二個小組開始上場策劃、佈置。

7. 等所有的小組都裝飾過一遍培訓室以後，將相片展示給評議團學員們觀看，評出最高分。注意：評議團在評分的時候，要將材料的耗省考慮進去。用料節省的小組，應該適當的加分。

遊戲討論

1. 你所採用的方式，是否美化了培訓教室？

2. 你們在美化教室的時候，有沒有考慮到我們佈置教室的目的是要擬訂培訓課程？

3. 在遊戲開始時，給每人發一張白紙，讓他們在紙的頂端，寫出學習結束後最希望得到的收益是什麼，然後，培訓師收回。遊戲的最後，將它們發還給學員讓他們在紙的末端寫出學習結束後他們最大收益是什麼？想一想，前後有什麼變化嗎？

4. 在遊戲的策劃之中，你們是否想過要使用最少的材料來佈置最舒適的培訓室？

5. 你們認為自己的設計最巧妙的地方在那裏？為什麼？你們巧妙的設計來源於什麼地方？你能談談你對此設計的想法嗎？

6. 你怎樣評價其他上場小組的設計？你們是否有相同之處？你們的相同點和不同點在什麼地方？

7. 隨著遊戲的展開，最後一個小組的成員是否漸漸在吸收其他小組的優點，主動排除其缺點，以完美自己的設計呢？如果讓你們按照最初的設想，你們所找到的想法與最後「真正的想法」差距有多少？關於這樣的創造方法，你有什麼總結？

8. 在遊戲的過程中，你們是否曾經試圖脫離正常的思維軌道，將兩個看似毫無關係的物品聯繫在一起？有怎樣的感覺呢？是否覺得不適應？

9. 如果在工作之中，不假思索地放棄同事給我們提供的新想法，結果會怎樣呢？

在每個小組上場開始佈置培訓室的時候，你可以站在他們中間不斷地加以讚揚。但是，決不能提出任何的建議。當他們結束任務或

者是培訓師叫停之後，你首先要激動地向他們握手致謝，給他們的創意予以肯定的表示。

為了使學員擺脫上場的局促感，一個相當棒的辦法就是帶領大家做玩笑式的莊嚴宣誓：「為了大家的利益，以及慷慨的精神，我宣誓：『在遊戲中，我將勇敢地提出自己的想法，那怕是非常蠢笨的辦法，我也將毫不猶豫地展現給大家。』」

告訴小組學員，對於創造力而言，很傻的想法往往會帶來一個好想法；有時候，它只是看上去很傻，但是實際上是很成功的想法。允許他們犯無傷大雅的小錯誤，更好的激發想像力而不用瞻前顧後。

┊ 培訓師講故事 ┊

拿一隻敞口玻璃瓶，瓶底朝光亮的一方，然後放進一隻蜜蜂。蜜蜂在瓶口反覆朝有光亮的方向飛。它左衝右突，努力了多次，都沒有飛出瓶子。儘管這樣，它還是不肯改變突圍方向，仍舊按原來的方向去衝撞瓶底。最後，它耗盡了氣力，累死了。

接著，教授又放進了一隻蒼蠅。蒼蠅也向著有光亮的方向飛，突圍失敗後，又朝各種不同方向嘗試，最後終於從瓶口飛走了。

很多員工就像那隻看似勤勞的蜜蜂，忙碌的背後很可能只是徒勞無功，至少對事業的成功是沒有太大幫助的。其實，只是需要稍微改變一下方向，逃生的出口就在身後不遠處。它最後把自己累死在完全沒有希望的努力上，那相對於結果來說，它的工作完全是無效的，做的都是無用功。

培訓師講故事

公儀休很喜歡吃魚,當了魯國的相國後,全國各地很多人送魚給他,他都一一婉言謝絕了。

他的學生勸他說:「先生,你這麼喜歡吃魚,別人把魚送上門來,為何又不要了呢?」

他回答說:「正因為我愛吃魚,才不能隨便收下別人所送的魚。如果我經常收受別人送的魚,就會背上徇私受賄之罪,說不定那一天會免去我相國的職務,到那時,我這個喜歡吃魚的人就不能常常有魚吃了。現在我廉潔奉公,不接受別人的賄賂,魯君就不會隨隨便便地免掉我相國的職務,只要不免掉我的職務,就能常常有魚吃了。」

培訓師講故事

古時候,有位遠近聞名的老裁縫,都說他的衣服做得好。有人問他,做衣服上要應該注意些什麼?老裁縫說,量尺寸和縫製的方法基本都一樣,學起來也不難,關鍵是要瞭解穿衣人的身世背景與行為習慣。因為,不同背景與習慣的人有不同的穿衣方式。

例如身為高官,或家境富裕而又性情驕橫的人,他走路時多為挺胸昂首目中無人。給這種人做衣服,就一定要前襟比後襟長,用料也要考究。

如果給那些家境貧寒性格軟弱的人來做衣服,就要後襟比前襟長,用料儘量便宜些。因為,這些人走路總是戰戰兢兢,低頭駝背,太貴的料子他也買不起。

　　給那些家境中等，性格平和一切正常的人做衣服時，就要按實際身材尺寸做，無須額外加減。當然，還有一些具有特殊習性的人，做衣服時，必須瞭解清楚再做。如果事先只量尺寸就做，那人們穿了之後就會總覺得不合適。

　　我們只能用衣服去適應人，而不能讓人適應我們做的衣服。

培訓師講故事

　　魯國有個善於彈琴的樂師名叫師襄，據說在彈琴的時候，鳥兒能踏著節拍飛舞，魚兒也會隨著韻律跳躍。

　　鄭國的師文聽說了這件事後，十分嚮往，於是離家出走，來到魯國拜師襄為師。

　　師襄教他調弦定音，可是他的手指十分僵硬，學了 3 年，彈不成一個樂章。師襄無可奈何，只好說：「你太缺乏悟性，恐怕很難學會彈琴，你可以回家了。」

　　師文放下琴後，歎了口氣，說：「我並不是不能調好弦、定準音，也不是不會彈奏完整的樂章。我所關注的並非只是調弦，我所嚮往的也不僅僅是音調節律。我真正追求的是想用琴聲來宣洩我內心複雜而難以表達的情感啊，在我尚不能準確地把握情感，並且用琴聲與之相呼應的時候，我暫時還不敢放手去撥弄琴弦。因此，請老師再給我一些時日，看是否能有長進！」

　　在過了一段時間以後，師文又去拜見他的老師師襄。

　　師襄問：「你的琴現在彈得怎樣啦？」

　　師文胸有成竹地說：「稍微摸到了一點門道，請讓我試彈一曲吧。」

　　於是，師文開始撥弄琴弦。他首先奏響了屬於金音的商弦，

使之發出代表 8 月的南呂樂律，使人只覺琴聲挾著涼爽的秋風拂面，似乎草木都要成熟結果了。

面對這金黃收穫的秋色，他又撥動了屬於木音的角弦，使之發出代表 2 月的夾鐘樂律，隨之又好像有溫暖的春風在耳畔回蕩，頓時引來花紅柳綠，好一派春意盎然的景色。

接著，師文奏響了屬於水音的羽弦，使之發出代表 11 月的黃鐘樂律，不一會兒，竟使人感到霜雪交加、江河封凍，一派肅殺景象如在眼前。

再往下，他叩響了屬於火音的徵弦，使之發出代表 5 月的蕤賓樂律，又使人仿佛見到了驕陽似火，堅冰消釋。

在樂曲將終之際，師文又奏響了五音之首的宮弦，使之與商、角、徵、羽四弦產生和鳴，頓時使人覺得四週似有南風輕拂，祥雲繚繞，恰似甘露從天而降，清泉於地噴湧。

這時，早已聽得如癡如醉的師襄忍不住雙手撫胸、興奮異常，他當面稱讚師文說：「你的琴真是演奏得太美妙了！即使是晉國的師曠彈奏的清角之曲、齊國的鄒衍吹奏的律管之音，也無法與你這令人著迷的琴聲相媲美呀！他們如果能來此地，我想他們一定會帶上自己的琴瑟管籥，跟在你的後面當學生！」

第 七 章

推理能力培訓遊戲

1 遊戲名稱：找出你的活門

主旨：

　　當處於生死攸關的時候，往往是發揮這個人自身最大潛力的時候。本遊戲通過一則簡短的故事，充分地說明了人的創新思維和邏輯思維能力的重要性，在解決企業難題時，是至關重要的。

 遊戲開始

　　時間：30分鐘

　　人數：團體參與方式，5～10人

遊戲步驟

1. 首先，培訓師先給大家講一個英雄的故事：

英雄能抱得美女歸嗎？

從前，在一個國家裏，有個英雄不小心犯了法，定罪之後，關在一個特別設計的囚房裏。這個囚房有兩個門，都沒有上鎖。一個門是活門，如果他打開這個門，走出去，不但自由了，外邊還有美女等他哩；另外一個門是死門，如果他打開這個門，走出去，他便完蛋了，因為，門外等著他的是一群饑餓的獅子。

囚房裏有兩個守衛，一個十分誠實，從不說假話；另一個則是從不說實話。他們兩個人，都知道那一道門是活門，那一道門是死門。

依據他們國家的法律規定，這位英雄囚犯在執刑之前，可以問這兩個衛士三個問題，而且最多只能問三個問題，是一共只問三個問題，不是向每人問三個問題。

---

2. 有二道門，一個活門，另一個是死門。

3. 問學員，如果你是那一位英雄囚犯，你需要幾個問題？如何問法才能獲得自由？

 遊戲討論

1. 你會問什麼樣的問題，讓守衛告訴你那個是活門，那個是死門？有沒有更好的問法？

2. 本遊戲給我們的日常工作可以帶來什麼啓示？

3. 在我們日常的工作中，要能時時刻刻地發揮我們的想像力和創造力，對於各種問題的解決方案都不應該滿足於很好，應該去尋求最好，這樣才能最大限度地發揮我們的潛力，創造出更優秀的業績。

也許，聰明的你只要兩個問題就夠了。因為關鍵就在於測出那一位是不說實話的人或那一位是說實話的人。所以，你隨便問一個人：「你是衛士嗎？」或者問：「這兩道門有一道門是活門，有一道門是死門，對不對？」如果他是誠實的人，答案必定是肯定的；否則便是否定的。然後，接下來的問題是：「那一道門是活門？」你將輕易過關，等著美女迎接你。

也許有人更神氣地說：「只要一個問題便可以解決。」真的耶！如果英雄問：請問你（隨便問那一個衛士），如果我問他（指另外一位衛士），那一道門是活門，他會告訴我是那一道門嗎？不論答案指的是那一道門，你都從另一道門出去，包準門外有美女相迎。想通了嗎？這是典型的邏輯思考模式。

2 遊戲名稱：錢財不見了

主旨：
人對不可理解的東西採取追根尋底的態度，並對之加以合理說明的方法，就是推理。在現代社會，邏輯推理顯得越來越重要，它已成為管理者所必備的條件之一。

遊戲開始

時間：40分鐘

人數（形式）：不限

 ## 遊戲話術

有多少人不懂財會知識？（示意舉手）

很好，我相信在座的各位還有不少是財會專家。我現在有一道題目，其中有筆帳總是讓人頭痛，好像越算越糊塗。是這樣的，請聽清楚，我只說一遍。

問題：從前，有三個書生進京趕考，途中投宿在一家旅店中，這間旅店的房價是每間450文，三人決定合住一間房，於是每人向店老闆支付了150文錢。後來，老闆見三人可憐，又優惠了50文，讓店裏的夥計拿著還給三人。夥計心想：50 文錢三個如何分？於是自己拿走20文，將剩餘的30文還給了三個書生。問題出來：每個秀才實際上各支付了140文，合計420文。加店小二私吞的20文，等於440文，那麼，還有10文錢去了那裏？」

 ## 遊戲討論

1. 多少學員在規定的時間內完成了此題？是多數還是少數？

2. 這個推理很簡單嗎？需要靜心思考嗎？

3. 你的推斷能力怎樣，在遊戲之間體現出來了嗎？

4. 是時間太短還是條件複雜，造成你們不能推出答案？

5. 遊戲暗示：錢並沒有丟，只是計算的方法錯誤，店小二拿去的20文錢就是三個秀才總共支付的420文錢中的一部份。420文減去20文等於400文，正好是旅店入帳的金額。420文加上退回的30

文錢，正好是 450 文，這才是三個人一開始支付的房錢總數。所以一件簡單的事情，如果思考的方向出了問題，就會弄得大傷腦筋。

3 遊戲名稱：養蛇的小姐

> **主旨：**
>
> 一個優秀的管理者所不可缺少的特點，就是敏銳的決斷能力。而決斷能力是要有較強的邏輯推斷能力。
>
> 推理能力並不是人生來就具有的，而是在不斷的學習、訓練之中獲得的。本遊戲是要學員在已知的，如：衣著、愛好、習慣等條件下，推斷出養蛇的小姐是那位。學員的邏輯推理能力，將在遊戲的過程中得到很好的培訓。

 ## 遊戲開始

時間：40 分鐘

人數(形式)：不限

材料準備：給每位學員將試題事先用答題紙印好，並準備好草稿紙。

 ## 遊戲話術

培訓師對學員講述下列話：

在現有的情況非常複雜的時候，你們可能一籌莫展，理不清頭

緒；還有些與此無關的事物也會干擾你們的思路。如果在事情特別緊急的狀態下，毫無推斷的能力，會使你們大腦一片空白，感到驚慌失措。」

 遊戲步驟

提示材料：

有 5 位小姐排成一排，所有小姐穿的衣服顏色都不一樣，所有小姐的姓也不一樣，所有小姐都養不同的寵物，喝不同的飲料，吃不同的水果。

錢小姐穿紅色的衣服；翁小姐養了一隻狗；陳小姐喝茶；穿綠衣服的站在穿在白衣服的左邊；穿黃衣服的吃柳丁；站在中間的小姐喝牛奶；趙小姐站在最左邊；吃橘子的小姐站在養貓的隔壁；養魚的小姐的隔壁吃柳丁；吃蘋果的小姐喝香檳；江小姐吃香蕉；趙小姐站在穿藍衣服的小姐的隔壁；只喝開水的小姐站在吃橘子的小姐的隔壁。

問題：請問那位小姐養蛇？

答案：

步驟一：建立表格，位置很重要		
左	中	右
姓		
衣		
吃		
喝		
養		

```
步驟二：簡單的邏輯判斷，資料為過程
            左              中              右
姓    1 趙              6 錢
衣    7 黃    3 藍    6 紅    4 綠    4 白
吃    7 柳丁
喝                    2 牛奶    5 咖啡
養              8 魚
```

相對應的題意：

錢小姐穿紅色的衣服 ⋯⋯⋯⋯⋯⋯⋯⋯⋯⋯⋯ 6

翁小姐養了一隻狗 ⋯⋯⋯⋯⋯⋯⋯⋯⋯⋯⋯ 12

陳小姐喝茶 ⋯⋯⋯⋯⋯⋯⋯⋯⋯⋯⋯⋯⋯⋯ 9

穿綠衣服的站在穿白衣服的左邊 ⋯⋯⋯⋯⋯⋯ 4

空綠衣服的小姐喝咖啡 ⋯⋯⋯⋯⋯⋯⋯⋯⋯⋯ 5

吃西瓜的小姐養鳥 ⋯⋯⋯⋯⋯⋯⋯⋯⋯⋯⋯ 13

穿黃衣服的小姐吃柳丁 ⋯⋯⋯⋯⋯⋯⋯⋯⋯⋯ 7

站在中間的小姐喝牛奶 ⋯⋯⋯⋯⋯⋯⋯⋯⋯⋯ 2

趙小姐站在最左邊 ⋯⋯⋯⋯⋯⋯⋯⋯⋯⋯⋯ 1

吃橘子的小姐站在養貓的小姐隔壁 ⋯⋯⋯⋯ 14

養魚的小姐隔壁吃柳丁 ⋯⋯⋯⋯⋯⋯⋯⋯⋯ 8

吃蘋果的小姐喝香檳 ⋯⋯⋯⋯⋯⋯⋯⋯⋯⋯ 10

江小姐吃香蕉 ⋯⋯⋯⋯⋯⋯⋯⋯⋯⋯⋯⋯⋯ 11

趙小姐站在穿藍衣服的小姐隔壁 ⋯⋯⋯⋯⋯ 3

只喝開水的小姐站在吃橘子的小姐隔壁 ⋯⋯ 15

步驟三：9 為假定，15 為驗證

	左			右	
姓	1 趙	9 陳	6 錢	11 江	12 翁
衣	7 黃	3 藍	6 紅	4 綠	4 白
吃	7 柳丁	14 橘子	13 西瓜	11 香蕉	10 蘋果
喝	15 開水	9 茶	2 牛奶	5 咖啡	10 香蕉
養	14 貓	8 魚	13 鳥	12 狗	

假如採用另外一種，可能與題意相矛盾（讀者可自己驗證）。答案也就輕而易舉了：江小姐養蛇。

 ## 遊戲討論

1. 當你大腦短路的時候，你能及時找到處理辦法嗎？你覺得壓力來自那裏？

2. 你是否在面對複雜局面的時候，找不到頭緒？

3. 你的邏輯推理能力是否得到了提高？在思維混亂的情況下能找到出路嗎？

4. 當你找到本題答案之後，你會有成就感嗎？還想不想再做一題？

4 遊戲名稱：判斷電燈開關

主旨：

這是一道著名的微軟公司用來測試應聘者的試題。它主要考察受訓者的邏輯思維和判斷能力，有助於培訓學員打破傳統思維的局限，培養人的創造性思維。

遊戲開始

時間：20 分鐘

人數(形式)：個人完成

遊戲步驟

1. 有兩個房間，一間房裏有三盞燈，另一間房有控制著這三盞燈的三個開關，這兩個房間是分隔開的，從一間房裏不能看到另一間的情況。

2. 現在要求受訓者分別進這兩個房間一次。

3. 要求受訓者判斷出這三盞燈分別是由那個開關控制的。

4. 學員用什麼辦法得到答案呢？

遊戲討論

1. 請受訓學員說出解決這個問題的關鍵在那裏？

2.在工作中經常會有一些難題，需要用知識來解決，這個遊戲就是很好的提示。

3.你有否想過電能夠發熱的特性？

4.先走進有開關的房間，將三個開關編號為 A、B、C。

5.將開關 A 打開 5 分鐘，然後關閉，然後打開 B。

6.走到另一個房間，正亮著的燈即可辨別出是由 B 開關控制的。再用手摸另兩個燈泡，發熱的是由開關 A 所控制的，另一個就一定是開關 C 了。

5 遊戲名稱：改善你的觀察能力

主旨：

觀察力就是觀察外界的能力，即善於觀察出不顯著特徵的能力。

觀察力是構成人的智力要素之一。觀察是有目的、有計劃、比較持久的知覺，是人們認識世界、進行創造性活動的基礎。

我們要善於從複雜的情形中觀察，並尋找到有利於工作開展的關鍵因素，這將對解決問題有極其重要的作用。

 遊戲開始

時間：50 分鐘

人數(形式)：12 人

材料準備：多種化妝品，各種頭飾，5～9 隻筆，12～20 塊手錶，

襯衫 5 件，皮鞋 3 雙、屏風 3 塊，1 塊較大的場地。

 遊戲話術

良好的觀察力必須具備下述條件：

1. 觀察的目的性。觀察的目的性是指預想觀察結果的能力。

2. 觀察的精確性。觀察的精確性是指從複雜的現象中發現有意義細節的能力。

3. 觀察的敏銳性。觀察的敏銳性是指迅速準確地發現事物本質特徵和重要細節的能力。

4. 觀察的客觀性。觀察的客觀性是指按照事物的本來面貌進行觀察的能力。

5. 觀察的全面性。觀察的全面性是指善於從不同角度、不同側面觀察事物總體的能力。若想測試你的觀察能力？就快加入我們的遊戲吧。

 遊戲步驟

1. 三個學員結成夥伴。

2. 此三個學員的其中兩名自己做些變化讓另一組的學員猜，另外一名給另一組的學員找變化。

3. 各自在屏風後面，給他們 3 分鐘，在身上做 3 個變化。

4. 從屏風裏出來，彼此找找對方的變化。

5. 再回到屏風後面，給他們 3 分鐘，在身上做 10 個變化。

6. 再從屏風裏出來，彼此找對方的變化，雙方都找出 10 個變化，則所用時間最少的為優勝隊。

遊戲討論

1. 當你在搭檔身上找變化的時候，為了能找到，你需要做些什麼？

2. 在找變化的過程中，那些方法最有效？

3. 你希望怎樣變化你自己？

6 遊戲名稱：殺手與法官

主旨：

　　遊戲在緊張、詭秘而不乏機動、靈活的氣氛中進行，遊戲中各類角色所進行的自我辯護，有利於提高你的警覺性，啟發思維，能夠鍛鍊隨機應變的能力，當你是個還不善言詞或為每次應酬找不到話題而苦惱的人時，你可嘗試參加這樣的遊戲，從另一方面來說，它也有助於發洩內心的壓力。

 ## 遊戲開始

　　時間：55 分鐘

　　人數(形式)：12 人

　　材料準備：和人數相等的撲克牌，或任何有不同標記的事物，很多場合可以名片代替。

遊戲話術

今天要做什麼呢？當然是「殺人」啦。我現在還想不出其他有什麼東西能有這麼大的吸引力。

老師(隨便指向一個學員)面帶神秘的說：

「你殺過人了嗎？」

「當然沒有。」

「那你想不想殺人，來點兒刺激？掩人耳目地把你週圍的人統統殺死！」

接著面向全體學員，「殺人遊戲」目前已不是藏匿在民間的小圈子遊戲了，近期媒體都在報導，傳遍各地，可惜一些「敏感」企業家可能根本沒玩過，看來大有在遊戲手冊中推廣的必要。

遊戲步驟

參加「殺人遊戲」有 3 種扮演角色。

選 1 人做法官。由法官準備 12 張撲克牌。其中 3 張 A，6 張為普通牌，3 張 K。眾人坐定後，法官將洗好的 12 張牌交大家抽取，抽到普通牌的為良民，抽到 A 為殺手，抽到 K 的為警察。自己看自己手裏的牌，不要讓其他人知道你抽到的是什麼牌。法官開始主持遊戲，眾人要聽從法官的口令，不要作弊。

法官說：「黑夜來臨了，請大家閉上眼睛。」等都閉上眼睛後，法官又說：「請殺手殺人」。抽到 A 的 3 個殺手睜開眼睛，殺手此時互相認識一下，成為本輪遊戲中最先達成同盟的群體，並由任意一位殺手示意法官，殺掉一位「好人」。法官看清楚後說：「殺手閉眼」。稍後再說「警察睜開眼睛」。抽到 K 牌的警察可以睜開眼睛，相互認識一下，並懷疑閉眼的任意一位為殺手，同時向法官看去，法官可以給

一次暗示。完成後法官說：「所有人閉眼」。再過一會兒說「天亮了，大家都可以睜開眼睛了。」

待大家都睜開眼睛後，法官宣佈某人被殺了，同時法官宣佈讓大家安靜，聆聽被殺者的遺言。

被殺者現在可以指認自己認為是殺手的人，並陳述理由。遺言說罷，被殺者本輪遊戲中將不能再發言。法官主持由被殺者身邊一位開始任意方向挨個陳述自己的意見。

意見陳述完畢後，會有幾人被懷疑為殺手。被懷疑者可以為自己辯解。由法官主持大家舉手表決，殺掉票數最多的那個人。被殺者如是真正的兇手，不可再講話，退出本輪遊戲。

被殺者如不是殺手，可以發表遺言及指認新的懷疑對象。在聆聽了遺言後，新的夜晚來到了。如此往復，殺手殺掉全部警察即可獲勝，或殺掉所有的良民便可獲勝。警察和良民的任務就是儘快抓出所有的殺手，從而獲勝。

目前也有不設警察身份的玩法，討論更加激烈。但時間較長，並且壞人容易得逞。

※ 角色分析

「好人」角色：

1. 做好充分心理準備：被「殺」死的準備。在第一夜，「殺手」會無情地「殺」死一個好人，在座的每個人都可能成為第一個受害者。這個人會死得很難看，天亮時，你已經死了，而每個人看上去都很無辜。但你還要留下線索，這時往往「直覺」作用很大，判斷失誤率也較高，很可能誤導剩下的好人。此後慘案陸續發生，好人的神經也更緊張，黑夜裏你可能死於「殺手」刀下，白天你可能死於好人們的「誤殺」。

2. 要用自己的「風格」(沉默？微笑？辯解？澄清？)讓大家相信你真的是「好人」。大多時候，真誠是很重要的，尤其在人多時，你的猶豫和不堅定會掀起群體性的懷疑和攻擊。

3. 一定要指出你的懷疑對象。因為比較嫩的「殺手」總是指東指西，一副猶豫不決的樣子。作為好人，你一旦表現得不確定，好人們不會對你手軟的。

4. 注意觀察被「殺」者順序。任何一個「殺手」都有自己的「殺人」風格。例如先「殺」男再「女」、先「殺」身邊的再「殺」對面的等等。而且，當有兩人或兩個以上「殺手」時，你要考慮什麼樣的「殺手」組合會以什麼樣的順序「殺人」。這裏的經驗是：優秀的「殺手」總是先「殺」不太受人注意的人物，因為他們留下的線索最少。

5. 注意投票裁決「殺」人的舉手情況。稚嫩的「殺手」容易跟風，他會在關鍵時候最後舉手(或不那麼堅定)，以便到達「殺」一個人要求的半數票。

6. 找出比較嫩的「殺手」的邏輯，但遇到手段高超的「殺手」，你就要憑感覺了。有一個秘訣：當遊戲進行到最後，那個表現最成熟、理由最充分、看起來最無辜的傢夥，必定是「殺手」。

「殺手」角色：

1. 絕對鎮定。第一次當「殺手」的人總是按捺不住激動，這從臉色、小動作、談話語氣中就暴露了。而真正的「冷面殺手」最好面無表情，至少在剛剛拿到「殺手」牌的時候要做到。

2. 儘量自然。在遊戲進行中，你要像往常一樣，該說就說、該樂就樂、該沉默就沉默，不要讓人家看出你與上局遊戲中的表現差別太大。

3.「殺」人要狠。無論是單個「殺手」行兇還是多個「殺手」合謀，「殺」人時一定要迅速決絕，不要心慈手軟。一般「殺」死大家

認為與你很親近的人，最能贏得別人的信任，好人們會以為你不可能這麼無情。

4. 先殺那些不愛說話的。因為這樣的人死了，一般不會留下對你不利的「遺言」。不過這也要見機行事，有時候留下那些搖擺不定的好人，會讓局面更亂，你就可以亂中取勝了。

5. 指證「殺手」時要明確，舉手投票「殺人」時要堅定。「殺手」要明確，除了在黑夜裏可以肆無忌憚地「殺」人，在白天你可是個「大好人」，你要堅決地指認你認為的「殺手」，還要為你認為的好人辯護。學會幫好人說話，往往可以贏得好人的好感，你自己隱蔽得就更深了。

6. 當人數越來越少，局勢越來越清晰的時候，「殺手」一定要表現得思路清晰。

每次發言你都要澄清兩個問題：你為什麼不可能是「殺手」；誰誰為什麼一定是「殺手」。但是，別忘了人是有感情的動物，這時候，誠懇、簡潔的解釋更為有力。

注意事項：

1. 按流程辦事。因為事關「生死」，每個人都想說話，這個遊戲容易造成一片混亂的局面。裁判要像法官，嚴格按流程辦事，發言者言盡則止，不許反覆陳說。所有判決都要經過舉手投票表決，因為人們往往在投票的剎那間念頭就發生了變化。

2. 嚴防「死人詐屍」。這會使得遊戲的趣味減少很多。在「殺人」遊戲中，最有趣的情況就是，死去的人什麼都明白，但他已經失去了說話的權利。就像我們常說的：天堂裏都是明白人。

3. 威嚴。裁判要說話算數，不要反覆。在辯論出現混亂和僵持的時候要果斷決定：現在投票；讓我們舉手說話。

4. 注意節奏。往往在遊戲開始的時候，大家發言不很踴躍，這時可以讓發言者儘量快些，節奏加快有助於調動參與者的積極性；而越

到後面，情況越緊急越微妙，裁判要讓節奏放慢，給每個人充分辯解和考慮的時間。

5. 中立。絕對不能流露出一點帶傾向性的評論，不要和發言者討論。你最常用的記號應該是：「大家閉眼」、「好，天亮了」、「說完了嗎」、「還有其他的嗎？」、「確定？」、「請舉手」「某某死了」等。最後，任何參加「殺人」遊戲的人千萬不要把遊戲和現實生活對號入座。這純屬是一種智力遊戲，與個人道德無關。

 ## 遊戲討論

這個遊戲最大的好處就是，在放鬆中體會與不同角色的人鬥智鬥勇，其樂無窮。而且你還會知道你是怎麼死的，有機會在下次遊戲中報一「殺」之仇。

你會發現一個糊塗的「好人」有時比「壞人」還危險。你可以把一個你平時不喜歡的人給「殺」了，那怕是誤「殺」。玩「殺人遊戲」你會發現當壞人占盡了便宜，而好人則顯得愚昧，任人宰割。

在遊戲中，你可以當個壞蛋，可以隨意「殺人」，這也是一種發洩，人們有一種原始的、人性的東西就是征服欲，在現代社會被壓抑著，通過虛擬遊戲，就能釋放出來。現代人工作壓力很大，遊戲可以讓人們暫時退出社會舞台，緩解心理壓力。

7 遊戲名稱：名人的光環效應

主旨：

優秀管理者必須具有敏捷、嚴密的邏輯思維能力。

這個遊戲在於訓練管理人員或參加培訓的人員，熟練使用封閉式的作業流程，迅速果斷地做出判斷，並利用所獲取的資訊，逐步縮小查尋目標的範圍，達到最終目的。這訓練讓學員在尋求 YES 答案的過程中，練習如何組織問題及分析所得到的資訊。

 ## 遊戲開始

時間：50 分鐘

人數：大約 20 人（5 人一組為合適）

材料準備：四頂寫有名人名字的高帽子，包括邱吉爾、愛因斯坦、甘地、牛頓。

 ## 遊戲步驟

1. 讓場上的全體學員報數，將他們分成 4 組。

2. 在教室前面擺 4 個椅子。

3. 每組選 1 名代表名人坐在椅子上，面對本小組的隊員們。

4. 培訓師給坐在椅子上的每一位名人帶上寫有名人名字的高帽，給場上名人 2 分鐘的時間思考對策。

5. 每組的組員，除了坐在椅子上的自己不知道自己是什麼名人外，其他人員都知道，但誰都不能直接說出來，只能回答「是」或者「不是」。

6. 現在開始猜，從 1 號開始，他必須要問封閉式的問題，如「我是……嗎？」如果小組成員回答 YES，他還可以問第二個問題。如果小組成員回答 NO，他就失去了機會，輪到 2 號發問，如此類推。

7. 誰先猜出自己是誰者為勝。培訓師應準備一些小禮物給贏隊。

 遊戲討論

1. 當場上隊員的提問無邏輯性的時候，你突然想到了什麼了嗎？這種行為方式是不是看起來很熟悉？就你的團隊的工作效率、成效、互相信任及合作等方面來說，這個行為的代價是什麼？

2. 你認為那一位名人提問者最有邏輯性？

3. 如果你是名人，你會怎樣改進提問的方法？

4. 關於無邏輯性的提問，你認為應該如何改進？

5. 在這個過程中你是否注意到了學員的其他能力？

8 遊戲名稱：關鍵時間

主旨：

這個培訓遊戲是對學員的聆聽能力、觀察力以及對知識等多方面進行培訓，同時培養他們運用現有知識，進行邏輯推理和激發學習熱情。

遊戲開始

時間：40 分鐘

人數(形式)：團體參與

材料準備：寫有故事的卡片

場地：教室或會議室

遊戲話術

培訓師對學員講述：讓我們來當一回偵探如何？我相信絕大多數人，尤其是男士對福爾摩斯這個人非常熟悉，這可是一個大名鼎鼎的人物。

下面我們要進行的遊戲，是讓你當一回偵探，看你怎樣利用自身現有的知識和故事中所僅有的一點蛛絲馬跡，來判斷案情發生的時間。

遊戲步驟

1. 培訓者給學員講下面這個故事，讓他們回答故事裏的問題。

某早晨9點左右，小王來到海邊散步，赫然看見一艘小帆船傾斜在沙灘上。此時是退潮的時候，小王越想越奇怪，於是就走近帆船，走到船邊的時候，他對著船艙大聲喊了幾聲，可並沒有人回答。這麼一來，小王就更好奇了，他沿著放錨的繩子爬到甲板上，從甲板的樓梯口往陰暗的船室一看，呈現在眼前的是：一位船長躺在血泊中，胸前插著一把短劍。看樣子是被刺死的。

這位船長的手中緊握著一份被撕破的舊航海圖，在他躺臥的床頭上，還豎著一根已經熄滅的蠟燭，蠟燭的上端呈水平狀態，也許船長是點燃蠟燭在看航海圖時被殺害的，兇手殺死船長後就吹熄了蠟燭，奪去航海圖才逃跑的。

小王認為這是一宗謀殺案，事關重大，於是馬上報警。警察來了以後開始尋找線索。

這艘船大約是昨天中午停泊在此處，船艙裏白天也是非常陰暗的，所以，即使在白天看航海圖也需要點蠟燭，因此船長被害的時間並不一定是晚上，可是船長到底是何時遭到毒手的呢？

警察們一面查看屍體，一面討論著。

「船長被害的時間，就是在昨晚大約9點左右。」小王乾脆利落地判斷。

你說小王是根據什麼而做出如此大膽的判斷呢？」

2. 給學員們討論的時間，然後請他們告訴你答案。

3. 如果沒人知道答案，培訓可以提示他們從航海知識出發。

遊戲討論

1.培訓師先以講故事的形式,而不是書面的形式向學員介紹故事,目的是訓練他們的聆聽技巧,而且也更接近於日常環境。當人們聽的時候,需要注入更多的注意力,聽的同時還要理解和分析,比起書面形式更能達到訓練的效果。

2.如果你沒有找出答案,原因是什麼?

3.在培訓者的提示下,你知道答案了嗎?

4.從這個故事本身講,它提醒我們要認識到常識積累的重要性,即使你抓住了蠟燭這條線索,但如果不知道海水漲潮與退潮的規律也是解不開這個謎的。因此,日常知識的積累對於管理和銷售者都是很重要的,它可以幫我們解決很多實際問題。

5.因為蠟燭是水平的,而在沙灘上的船是傾斜的,所以,船長遇害時,船在水中。那時應該是漲潮的時候,今早九點退潮,那麼,昨晚九點漲潮。

9 遊戲名稱:你怎麼切蛋糕

> **主旨:**
> 過生日,必然要有生日蛋糕。人一多,怎樣讓大家都吃到蛋糕,就成了一個問題。本遊戲的目的就是要培養從不同的角度來考慮問題、分析問題的能力,進而有利於創造性思維的培養。

遊戲開始

時間：50 分鐘

人數（形式）：6 人

材料準備：一個仿製的生日蛋糕

遊戲步驟

1. 黑板上畫一個圓圈，讓大家想像這是一個生日蛋糕。

2. 在 2 分鐘內，按規定只能切四刀，但要將其切成盡可能多的份數，切的份數最多者獲勝。

遊戲討論

1. 在工作中，聽清楚任務的重點，並從重點處著重考慮問題，會有助於問題的最終解決。對於一個主管來說，就需要將自己的重點目的表達清楚，才會有利於下屬進行工作。

2. 單純的圓圈和蛋糕是否會得到不同的答案，區別在那裏？

3. 有什麼方法可以幫助我們更清晰的闡述和解決問題？

4. 本遊戲的關鍵之處在於聽講師在描述時，領會到它為什麼強調那是一個蛋糕，而不是一個圓。實際上正是由於蛋糕是一個立體的形狀，使得我們可以切到比平面上多得多的份數。發散性地思考問題，有助於我們形成更好的解決方案。

5. 14 份，平面切三刀，每一刀之間互相交叉(如下圖)，然後再在中間攔腰一刀。

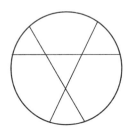

培訓師講故事

　　齊國的相國晏子有一次外出時，乘坐馬車正好經過馬車夫的家門。馬車夫的妻子得到了這一資訊後，便在家中打開一條門縫，向外觀望。

　　她本來只是為了目睹一下當朝相國的風采，卻不想同時看到了自己的丈夫在替相國駕車路過家門時，竟神氣活現地坐在車前的大傘蓋下，洋洋得意地揮舞著手中的鞭子，目無行人，昂然前進，好像替相國駕車自己也成了相國似的。

　　晚上，馬車夫回到家中，白天那種自我陶醉的情緒還沒有消失，妻子就鬧著要與他離婚。這真是一個晴天霹靂，一下子將馬車夫打入了五里霧中，讓他半天摸不著頭腦。

　　他百思不得其解，便追問妻子鬧離婚的緣由。妻子餘怒未消地說：「晏子是齊國的相國，學問名望在各國諸侯大臣中間有口皆碑，無人不知。可是，今天我看他坐在車上，儀表端莊、態度謙和、令人起敬。而你只不過是給他駕車的一個馬車夫而

已，卻在車上趾高氣揚、不可一世，自以為多麼了不起，竟不把路人百姓放在眼中。像你這樣胸無大志的人，將來怎麼會有出息呢？所以，我要與你離婚！」

妻子的一番數落，使馬車夫發現了自己的淺薄和無知，頓感羞愧萬分、無地自容。他從此以後徹底改變了自己的生活態度，不僅勤奮好學，而且謙虛謹慎，終於用實際行動贏得了妻子的諒解。

馬車夫的變化引起了晏子的注意，他好奇地探詢其中的奧秘。馬車夫坦誠地將妻子的批評和自己的決心和盤說出，令晏子十分感動。他不僅欣賞馬車夫的妻子志存高遠、超凡脫俗的境界，而且贊佩馬車夫知錯即改、從善如流的精神。後來，晏子果然在齊國國君的面前，推薦這位馬車夫做了大夫。

培訓師講故事

詹姆斯先生最初為傑克遜工作時，職務很低，而現在已成為傑克遜先生的左膀右臂，擔任其下屬一家公司的總裁。他之所以能如此快速地升遷，秘密就在於「每天多做一點」。

他平靜而簡短地道出了其中原因：「在為傑克遜先生工作之初，我就注意到，每天下班後，所有的人都回家了，傑克遜先生仍然會留在辦公室裏繼續工作到很晚。因此，我決定下班後也留在辦公室裏。是的，的確沒有人要求我這樣做，但我認為自己應該留下來，在需要時為傑克遜先生提供一些幫助。工作時傑克遜先生經常找文件、列印材料，最初這些工作都是他自

己親自來做。很快，他就發現我隨時在等待他的召喚，並且逐漸養成招呼我的習慣……」

培訓師講故事

　　老農即將死去，把兒子們叫到床前，向他們宣讀遺囑。

　　「孩子們」他說，「我就要離開人世了，你們在葡萄園裏能找到我埋藏的金銀財寶。」

　　老人剛一去世，他的兒子們就拿上鐵鏟、鋤頭和所有能找得到的工具，到葡萄園裏挖尋財寶了。他們把葡萄園裏的土翻了又翻，還把大塊的土搗碎，萬一裏面藏著金幣呢！

　　他們在地裏始終沒有找到金銀財寶，可是，經過徹底翻整的土地對葡萄的生長十分有利，那年的葡萄長得比往年又多又好，幾兄弟釀出了村裏最好的葡萄酒，人人都來買，他們因此發了財。

第 八 章

創新能力培訓遊戲

1 遊戲名稱：雞蛋降落傘

主旨：

　　企業最薄弱的環節是創新，只有經營創新、技術創新、管理創新，才能使企業逐步躋身世界先進企業之列。此遊戲讓學員充分發揮了團隊的聰明才智。

 ## 遊戲開始

　　時間：80分鐘

　　人數（形式）：12人（3人一組）

　　材料準備： 3層樓的樓房，下方有空地

遊戲話術

有多少人認為雞蛋不能碰石頭？(示意舉手)如果我們把一個雞蛋從三層樓高的地方扔下，會發生什麼呢？

 ## 遊戲步驟

1. 培訓師把上述所說材料發給每組，而後讓學員在 25 分鐘的時間裏保護好雞蛋。

2. 學員到指定的 3 層樓的地點把雞蛋放下來，為了不使雞蛋摔破，可以用所給的材料來設計保護傘。

3. 25 分鐘之後，每組留一位學員在 3 層樓高的地方扔雞蛋，其他學員可以到樓下空地觀賞及檢查落下的雞蛋是否完好。

4. 雞蛋完好的小組為勝組，或再進行決賽，勝利者，培訓師可以發給一些小禮品作為獎勵。

 ## 遊戲討論

1. 你們組的創意是怎麼得來的？

2. 在小組合作過程中協調程度如何？

3. 隨著遊戲的展開你是否漸漸改變了你的觀念？

4. 我們在遊戲中的做法與我們平時努力提出的新的想法和做法有什麼不同？

2 遊戲名稱： 測試團隊的健康度

主旨：

每個企業都有自己的團隊，團隊又是由個體組成，只有團隊中的每個人都發憤圖強，使團隊健康、和諧地發展，整個企業才能更好地向前進。團隊的健康與否可以透過下面這個測試來瞭解到。

測試所在團隊的健康度，瞭解學員個性，從而改善團隊狀況。

 ## 遊戲開始

形式：全體參與

時間：20 分鐘

道具：問卷

場地：室內

 ## 遊戲步驟

1. 培訓人員請學員用 1～4 分評定下列各種陳述是否符合他所在的團體。

其中「不適合」為 1 分，「稍微適合」為 2 分，「適合」為 3 分，「完全適合」為 4 分。

以下為 25 個問題，請學員按上述標準進行評分：

(1)每個人有同等發言權並得到同等重視。

(2)把團隊會議看作頭等大事。

(3)團員之間充分瞭解，可以互相依靠。

(4)團隊的目標、要求明確並達成一致。

(5)團隊成員踐行他們的承諾。

(6)大家把參與團隊活動看作是自己的責任。

(7)團隊會議成功、卓有成效，參與度高。

(8)大家在團隊內感受到透明和信任感。

(9)對於實現目標，大家有強烈一致的信念。

(10)每個人都表現出願為實現團隊的成功分擔責任。

(11)每個人的意見總能被充分採納。

(12)在進行團隊會議時，大家都十分投入，為團隊出謀劃策。

(13)團隊成員不會因個人事務妨礙團隊的績效。

(14)我們每一個人的角色都十分明確，並為所有的成員所接受。

(15)每個人都讓團隊裏的其他人充分瞭解自己。

(16)在決策時團隊總請適當的人參與。

(17)在團隊會議時大家專注於主題並遵守時間。

(18)大家感到能自由地表達自己真實的看法。

(19)如果讓大家分別列出團隊工作的重要事宜，每個人的看法會十分相似。

(20)大家都能主動而富有創造性地提出自己的想法和考慮。

(21)所有的人都能瞭解到充分的信息。

(22)雖然成員之間一開始意見不一致，但最終都能得出一致的結果。

(23)成員之間相互尊敬。

(24)在作出決策時，大家能顧全大局，分清主次。

(25)每個人都努力完成自己的任務。

其中(1)至(25)條問題共分為 5 項內容，分列為 A、B、C、D、E

共 5 欄，每欄的含義是：

A 為共同領導，這是指一個團隊的每一個成員都可以並有義務承擔一份領導責任，成員之間應是公平平等的。

B 為團隊工作技能，這是指成員的工作能力以及相互協調的技巧。

C 為團隊氣氛，這是指在一個團隊中逐步形成的，具有一定特色的，可以被成員感知和認同的氣氛和環境。

D 為團隊凝聚力，這是指團體成員對目標的一致性。

E 為成員貢獻水準，這是指團隊成員為實踐自己的責任所付出的努力和成就程度。

把各欄中所標題目的相應得分，累加起來，就得到各欄的總分，將下表列印出來發給學員並填入分數：_

A	B	C	D	E
共同領導	團隊工作技能	團隊氣氛	團隊凝聚力	成員貢獻水準
1___	2___	3___	4___	5___
6___	7___	8___	9___	10___
11___	12___	13___	14___	15___
16___	17___	18___	19___	20___
21___	22___	23___	24___	25___

註：每一欄總分滿分為 20，每項的得分越高越好。

2. 學員做完評定後，培訓人員將表收集並展示給學員，引導他們比較所在團隊不同方面的得分，就可以粗略地瞭解自己所在團隊的長短，重新認識自己的團隊。

 遊戲討論

如果讓所在團隊的每一個成員都作以下評定，就可以得到兩種結果：

其一，得到團隊成員對團隊的總體（平均化）評價。

其二，可以比較總體評價和每一個團隊成員的評價，瞭解每一個人與其他人看法的差距。這些結果都可以應用到團隊建設的具體設計中去。

回顧：

因為測試的題目都是帶有正能量的陳述，所以，如果團隊中大部份人的答案是完全適合，那麼說明團隊運作得非常好，並有默契，所以分數越高越好。只有當團隊處於一種良好的、健康的狀態，才能在這次的測試中得到高分。

遊戲擴展：

可以經常對團隊進行必要的培訓或團隊活動，使團隊更加團結、凝聚、默契，並產生積極的正能量。

3 遊戲名稱：改變你的穿衣習慣

主旨：

人們總是在無意識中，習慣用舊方式來完成目前的新工作，結果總是碰壁。

這培訓遊戲，運用簡單且容易讓人接受的方式，來表明改變習慣對我們工作的重要性。所以我們要不斷變換新的思維，採取新的行為方式。

遊戲開始

時間：40分鐘

人數（形式）：15人（5人一組）

遊戲步驟

1. 請一位或多位與會人員（例如「所有穿三件套西裝的人」、「所有穿運動夾克的人」，甚至「所有穿風衣的人」、「所有穿毛衣的人」……）站起來，並脫掉他們的外套。

2. 在他們穿外套時，要求他們注意先穿那只袖子。

3. 然後，請他們再次脫、穿外套，這一次要先穿另一袖子。

遊戲討論

1. 在穿外套時，顛倒習慣的穿衣次序會有何感受？在旁觀者看來又是怎樣的？

2. 為什麼顛倒了習慣的穿衣次序會顯得笨手笨腳的？

3. 是什麼阻礙我們採取新的行事方式？我們進行改變時，應怎樣做才能不讓舊的習慣影響到新的行為方式？

4. 我們在培訓課中怎樣才能敞開胸懷，迎接改變，並且接受這樣一個現實；可能存在跟我們過去採取的方式同樣有效（或者更好）的完成任務的方式。

5. 有時候，嘗試一下刻意的改變，也許會讓我們獲得意想不到的效果。

6. 許多人從未想過要嘗試新的做事方法，就像穿衣，一旦習慣某種方式之後，便不會再想著去改變。

7. 打破原有的習慣確實會讓人感到非常彆扭，甚至是不安，這種

情況應該被人所接受，而不應該成為被嘲諷或輕視的把柄。

8.設身處地地來看，我們應該學會心平氣和地看待那些似乎不太遵從習慣的人和事，並去檢查一下自己的固有習慣。

4 遊戲名稱：解決大塞車問題

> **主旨：**
> 遇事積極，善於動腦筋，不被挫折打敗，採用創新性地思考問題，往往在解決複雜問題時，能有事半功倍的效果。

 遊戲開始

時間：50 分鐘

人數(形式)：30 人(10 人一組)

場地：空地或教室

 遊戲步驟

1.用粉筆在地上畫十一個成一條直線的方格，每個方格的大小以能站一人為標準。

2.其中五個學員站在左邊的五個方格上，餘下的五個站在右邊的五個方格上。

3.所有學員都面對中間空置的方格。

4. 要求小組以最少的步伐及最短的時間把左右兩方的成員對調。

 ## 遊戲討論

1. 你的方法是怎樣想出來的？

2. 在開始操作前，是否每位學員都清楚團隊解決問題方法。

3. 請列出團隊解決問題的方法及步驟。

4. 重點提示：在第一隊的一個隊員跨出一步後，第二隊應有兩人連續向前走（前一位跨步走，後一位向前一步即可），接著第一隊有三人連續走動（前兩位是跨步走，後一位向前一步即可），第二隊有四人連續走動（前三位是跨步走，後一位向前一步即可），第一隊有五人連續走動（前四位跨步走，後一位向前一步即可），第一隊接著有五人連續走動（前四位跨步走，後一位向前一步即可，第二隊有四人走，每一隊有三人走，這樣走下去即可。

5. 團隊成員要動動腦了，若新方案千呼萬喚不出來，那只好先在一邊試著走一走了，仔細分析總結，調整隊式，正式出發。

6. 扮演好團隊角色，合作再合作。

7. 特別注意事項：

⑴每次只可一人移動。

⑵所有學員只可前進，不可後退。

⑶前進時只可向前行一步或跨一步。

8. 每方格只可容納一人。

9. 學員可作多次嘗試，以提高效率。

5 遊戲名稱：創造雕塑品

> **主旨：**
> 很多具有創造力的人，諸如建築師、科學家、金融家、企業家等，其創造力都來源於藝術。創造力，尤其是橫向思維，也涉及到了對理解、概念和主意的改變。

 ## 遊戲開始

時間：50 分鐘

人數（形式）：不限

遊戲準備：題板、投影儀或白板。在這個遊戲開始之前，學員需
要熟悉表達自信的語言和非語言的行為，以及資訊對
稱和資訊不對稱的概念。

 ## 遊戲話術

一個關於烤豬的故事：中國的一座塔被燒毀之後，人們從廢墟中發現養在院子裏的豬成了香噴噴的烤豬。

我們要得到烤豬，大可不必等待塔的失火，可以隨時選取更直接的方法。在這個遊戲中，有新念頭出現的時候，我們可以用更直接的方法來表達這個新念頭（通過有意識地運用創造力）。

遊戲步驟

1. 培訓師要引導學員開動腦筋，想出自己很難泰然處之的三種情況，把這三種常見的情況列在答題板上向大家公佈。

2. 現在從所有的學員中間找出 6 個自願者，如果沒有人願意自告奮勇地走上台來，那麼就挑選 6 個心裏想當自願者的人上來。

3. 請你的 6 個學員和你一起站到屋子的前面來，3 個站在你的左邊，3 個站在你的右邊。

4. 現在你開始扮演法國大師。面向你左邊的 3 個自願者，說：「歡迎來到這個世界聞名的機構 L Ebola des Snooty Artistes。既然我是世界上最偉大的雕塑大師西蒙，你們拜我為師，跟我學習也就不足為奇了。我的作品是那麼栩栩如生，那麼充滿生命力，以至它們事實上都說話了！噢！它們真的開始說話了！沒有人知道我是怎麼做到這一點的。當然，你們，我的門徒們，永遠也不會給別人講的。今天你們就會學到我的秘密。然後，你們就會對那些無知的購買藝術品的公眾傾其所有財產而感到驚訝。Vive Le France! Vive Les Snooty Artistes！培訓師應該以標準的法語來表述這段話。如果學員喝彩——如果他們有幽默感，他們就會喝彩，記住，鞠個躬，說句「謝謝！非常感謝！」

5. 現在，從大家絞盡腦汁想出的情況中，選出最難的一種情況，請大家再開動腦筋，想出在那種情況下表現自信的幾種方式，把它們都寫在答題板紙上面。

6. 把你左邊的「藝術學生」與右邊的 3 個人兩兩配對，組成 3 對搭檔，右邊的 3 個人作為「雕塑品」。「藝術學生」通過組織他們的胳膊、腿的動作，甚至面部表情，擺出與你們選擇的最難的情況相關的姿勢。

7.分配給每個小組一個形象塑造，要其中一個「雕塑品」看上去應該堅毅、自信；一個「雕塑品」看上去應該挑釁；一個看上去應該消極。例如：挑釁的「雕塑品」應該表現出：雙手背在背後站著，臉上帶著蔑視的表情，最後消極的「雕塑品」也許是佝僂著雙肩，面無表情，畏畏縮縮地聽著。當「藝術學生」完成以後，讓他們說「Voila」並往後站幾步。

8.當「藝術學生」在組織「雕塑品」的手、腳和面部表情的時候，「雕塑品」應該從心裏上服從他的指揮，並且積極地予以配合。當「藝術學生」完成後，應要求「雕塑品」說出他對這個造型的看法，並作一些有意義的改動。

9.依次請每個「藝術學生」帶著他的「藝術品」出場，並請「藝術學生」們解釋他們的雕塑作品，以及他們是如何描繪出既定的態度的。讓「藝術學生」指揮「雕塑品」按照預先設計或者選定的表情做出不同的造型（僅限三次）。

10.當 3 個「雕塑品」都做完了造型後，你對他們大加讚賞：「好！非常好！」並且帶頭鼓掌，並允許「雕塑品」放鬆一下。

11.重新安排 6 個學員扮演「藝術學生」和「雕塑品」，以便讓參加培訓的每個學員都可以用肢體語言和自己的創作能力表達挑釁的、消極的或者自信的態度中的一種造型，當然要靠時間安排的長短而定。

12.讓大家開動腦筋，為第二種困難情況想出一些對策，並把它們寫在題板紙上面。重覆第一輪的過程。

13.最後，把第三種困難情況再演一次。現在，3 名「雕塑品」能夠在自信、消極或者挑釁的姿態下自信的表述了。

遊戲討論

1. 從他們看人的方式來看，自信的「雕塑品」有什麼共同之處和不同之處？如果在現實生活中，你看到一個人是這種姿勢，你能夠推斷出那個人具有什麼特點嗎？

2. 你是一個有創造性、有革新精神的人嗎？如果你總是按照常人的思維模式去做——就是說，按部就班地處理問題或者建立常規性的聯繫，你怎麼可能找到真正創新的想法呢？

3. 對「藝術家」：你的創作天分得到充分的發揮了嗎？你認為你創作的靈感主要來源於什麼地方？你認為「雕塑品」的意見對於你完成最後的創作有沒有幫助，有多大的幫助呢？

4. 對「雕塑品」：擺好的姿勢與你的意見一致嗎？感覺怎麼樣呢？被塑造的感覺怎麼樣？你的姿勢相對你的個性來說是否和諧呢？你需要強裝自信嗎？你的姿勢幫助你偽裝自信了嗎？

5. 對全體學員？你們認為那一對搭檔的合作是非常和諧的，並能用「雕塑品」的肢體語言表述出培訓師安排的遊戲主題？

6. 如果這些「雕塑品」的姿勢發生在現實情況中，會是怎麼樣的情形呢？他們能夠使你信服嗎？如果他們是偽裝的，你怎麼能夠知道？

7. 為什麼大多數人不能跑出俗套，想出較多的新穎的表達方法？關於創造性，新穎性，你們學到了什麼呢？

6 遊戲名稱：大家來造橋

主旨：
團隊創意是一個團隊取得成功的前提，而個人創意是團隊創意不可或缺的部份。所以作為一個團隊的領導者，一定要明白自身小組的各個成員的特點並善加利用。

 遊戲開始

人數：40 人

時間：70 分鐘

場地：教室

材料準備：每組一套材料：A4 的紙 50 張，膠帶一捲，剪刀一個，
　　　　　彩筆一盒

 遊戲步驟

1. 將學員分成 10 人一組，然後發給每組一套材料，要求每一個組在 30 分鐘之內，將長江大橋建起來，要求外形美觀，結構合理，創意第一。

2. 要求每個組挑選出一人來解釋他們大橋的建造過程，例如說他們的創意，他們實施的辦法等。

3. 由大家選出最有創意的大橋，最具有美學色彩的，或者是最簡單實用的大橋等等，勝出組可以得到一份小禮物。

4.由培訓師帶領學員討論下列問題：

⑴你們小組在工作過程中，是否每個人都有參與？

⑵當別人參與程度不夠的時候你有什麼感覺？

⑶你們對長江大橋的創意是怎樣得來的？

⑷你對小組的合作有什麼看法？

 遊戲討論

1.創意好不好，關係到建橋的成敗，如果一開始的思路就錯了，或者根本沒有明確的思路，就會在以後的工作中面臨越來越多的問題，例如時間管理、審核標準、資源分析等。

2.當想出足夠好的創意以後，每個人應根據自己不同的特長選擇不同的任務，例如空間感好的人就可以來搭建模型，手巧的人可以進行實際操作，但是最重要的是一定要有一個領導者，他要縱觀整個全局，對創意進行可行性評估以及最後進行總結。

3.對於組員來說，如果你有了新的創意，一定要跟其他人交流，讓他們明白你的意思，並一起評估你的點子的可行性。

7 遊戲名稱：角色扮演術

主旨：
　　管理方法不是千篇一律的，優秀的管理人員會善於觀察自己的員工，觀察他的行為表現，提出有創新的管理方法。他們相信自己能夠找到正確的方法。他們的成功秘密就在於善於觀察，勤於思考，創造出新的思維。

 ## 遊戲開始

　　人數：不限

　　時間：45 分鐘

 ## 遊戲話術

　　自從美國著名心理學家吉爾福特於 1950 年將「創造力」引入科學研究領域以來，創造力問題在全世界，尤其是工業發達國家引起了強烈的反應。

　　最具創造力的行業其實是影視業。想不想成為電影劇中的女主角？好，現在就讓你們「好夢一日遊」！

 ## 遊戲步驟

　　1.選出 8 個人作為演員。其餘學員作裁判，並將裁判們分為 3 組。

2. 將 8 個演員分成兩個小組。發給每個小組一張寫有人物背景表的題板紙，並把這些遊戲準備給每個裁判發一張。這張表提供了各小組創造虛構人物的背景。這個人不應該以公司的任何真實人物為模型，但可以是多個人員的特徵複合在一起的「組合人」。鼓勵各個小組創造出一個能夠體現員工典型特徵的人物，但要有適度的誇張，並將名字對應記錄在案。

3. 給每個小組 10 分鐘時間準備，並熟悉人物背景表中的各項內容。

4. 10 分鐘之後，讓每個小組配合，以肥皂劇的形式，以「公司轉型期」為題，表現人物特徵。場景發生在電梯中或是公司講座會議上。

5. 可以安排一個學員，描述一下肥皂劇的劇本背景。

6. 每個小組上台表演一次，他們將有 10～15 分鐘時間扮演他們各自的角色。在角色扮演過程中，他們有兩個目的：第一個目的是通過角色扮演展現小組設計人物的性格本質；第二個目的是展現另外的人物的特徵，形成對比，以便「裁判員們」能夠更準確地確定他們設計的人物的特徵。

7. 在角色扮演前，給每個小組 5～10 分鐘時間為他們的扮演者提供一些關於在角色扮演中如何描繪人物特點的建議。例如，為了暗示該人物是一名沒有耐心的女執行官，扮演者可以踩腳，看手錶，抱怨在公司停車場過來的路上，她的一隻價格不菲的意大利皮鞋的後跟兒壞了。惟一的規則是，在角色扮演過程中，不允許用獨白，也不允許用發放資料中的描述性語言例如：「我 34 歲，在銷售部工作。」人物個性的提示是通過和另一個人之間的自然對話進行的。對話可以包括類似這樣的問題：「你在那兒？」或者「我很喜歡你的穿著，是什麼牌子的？」

8. 在角色扮演過程中，裁判員們要認真仔細地觀察另一小組的代表，把觀察的結果和猜測寫到觀察表中，並將扮演中的人物名字與發放遊戲準備中的人物名字進行配對，記錄在觀察表中。

9. 開始表演。「現在是上午 8：55。當我們的肥皂劇開始時，我們公司的兩名職員正在上樓的電梯中。突然，電梯震動了一下，發生嘎嘎的噪音，電梯晃動一下停住了。讓我們看看接下來發生了什麼事情……」

10. 扮演者有些時候不知所措，他們可以要求他們的隊友提供建議，下一步怎麼做，問什麼。你可以扮演電梯維修人員，或是一名正在生氣的老闆，在遊戲難以進行下去的任何時候，你都可以出手相助。

11. 當其他學員在觀看角色扮演時，他們應該把自己的觀察和猜測記錄在觀察表上。先要仔細觀察，然後才予以配對。

12. 在兩個小組角色扮演結束以後，同一小組的裁判員集合在一起。他們現在的任務是，對場上角色扮演者展示的特徵達成共識，並把大家的答案記錄在觀察表的欄目中，可以允許保留不相同的意見，並記錄在案。

13. 請每個小組公佈他們關於對方小組人物特徵的猜測。（如「我們認為，您表演的人物特徵是心情不好，沮喪、灰心喪氣。」）並且說出場上表演的人物與發放遊戲準備中的人物對照。

14. 由培訓師在每個小組公佈完他們的猜測後，向大家宣佈該人物的最初的設計。

15. 最後，由裁判們會同培訓師來判定場上表演者是否能夠獲得獎勵分數。根據下面各項對每個小組評分：

⑴對另一個小組的人物做出一個正確的猜測，得 2 分；

⑵能夠將人物的性格表現出來，得 3 分；

⑶能夠較為生動地將人物性格表現出來，得 4 分；能將人物性格

展現給大家的得 5 分。

 ## 遊戲討論

1. 場上學員的表現是否具有創新性？為什麼？如果你去場上表演，會怎麼做呢？

2. 描述你所扮演的人物特徵：

⑴性別：女　　　　　　　職位：主任

工作地位：公司最低一級管理人員

工作狀態：被經理冷落，不受重視，但深得手下人愛戴。

抱負：積極向上，勇於進取，做事方法得當。

工作中最喜歡的任務：樂於接受挑戰，不怕風險。

⑵性別：女　　　　　　　職位：經理

工作地位：公司中層管理人員

工作狀態：深得上級賞識

抱負：積極向上，工作有法，果斷有志氣，但毫無人情味可言，對下屬極其嚴厲。

⑶性別：男　　　　　　　職位：經理助理

工作地位：公司中層管理人員

工作狀態：與部門經理合作不融洽，個人意見常受不到重視。

抱負：做事獨立，有主見，但是團隊合作精神較差，常常在部門會議上因與部門經理意見不合而起爭執。

工作中最喜歡的任務：獨立完成一件事情，無論任務多麼艱巨也不希望他人插手。

⑷性別：男　　　　　　　職位：總經理

工作地位：公司高級管理人員

工作狀態：與各部門經理相處融洽，具有一定的權威。

　　抱負：最大限度地追求公司利益，是個工作狂，成天呆在辦公室，手裏有做不完的工作，開不完的會，但從不因此感到厭煩。

　　⑸性別：男　　　　　　職位：總裁

　　工作地位：公司最高級董事

　　工作狀態：視錢如命，見利忘義。

　　抱負：最大限度追求公司利益，對下屬極其嚴厲，給他們加大工作量，施加壓力；希望擴大公司規模，賺到更多錢。

　　指導：觀看角色扮演，仔細觀察他們的語言或非語言的行為，猜猜這個人物的基本情況。

　　遊戲發放資料：

觀察表

這個人的基本情況	你的猜測	小組的決定
姓名		
性別		
職位		
工作地位		
工作狀態		
抱負		
工作中最喜歡的任務		

8 遊戲名稱：創造力傾向測試

主旨：

　　這是一份幫助學員瞭解自己創造力的培訓遊戲。在下列句子中，如果你發現某些句子所描述的情形很適合你，則請在答案紙上「完全符合」的選項內打鈎；若有些句子只是在部份時候適合你，則在「部份符合」的選項內打鈎；如果有些句子對你來說，根本是不可能的，則在「完全不符」的選項內打鈎。

 ## 遊戲開始

　　人數：40 人

　　時間：60 分鐘

　　場地：教室

　　材料準備：紙、筆、投影儀

 ## 遊戲步驟

　　1. 培訓師把印有如下內容的試題紙發給學員或投放在投影儀上，並告訴學員要立即反應填答，不要思考。

　　(1)我喜歡試著對事情或問題進行猜測，即使不一定都猜對也無所謂。

　　(2)我喜歡仔細觀察我沒有見過的東西，以瞭解詳細的情形。

　　(3)我喜歡變化多端和富有想象力的故事。

（4）畫圖時我喜歡臨摹別人的作品。

（5）我喜歡利用舊報紙、舊日曆及舊罐頭等廢物來做成各種好玩的東西。

（6）我喜歡幻想一些我想知道或想做的事。

（7）如果事情不能一次完成，我會繼續嘗試，直到成功為止。

（8）做功課時，我喜歡參考各種不同的資料，以便得到多方面的資訊。

（9）我喜歡用相同的方法做事情，不喜歡探尋其他新的方法。

（10）我喜歡探究事情的真相。

（11）我喜歡做許多新鮮的事。

（12）我不喜歡交新朋友。

（13）我喜歡想一些不會在我身上發生的事。

（14）我喜歡想象有一天能成為藝術家、音樂家或詩人。

（15）我會因為一些令人興奮的念頭而忘記了其他的事。

（16）我寧願生活在太空站，也不喜歡住在地球上。

（17）我認為所有的問題都有固定答案。

（18）我喜歡與眾不同的事情。

（19）我常想知道別人正在想什麼。

（20）我喜歡故事或電視節目所描寫的事。

（21）我喜歡和朋友在一起，和他們分享我的想法。

（22）如果一本故事書的最後一頁被撕掉了，我就自己編造一個故事，把結局補上去。

（23）我長大後，想做一些別人從沒做過的事情。

（24）嘗試新的遊戲和活動，是一件有趣的事。

（25）我不喜歡有太多的規則限制。

（26）我喜歡解決問題，即使沒有正確的答案也沒關係。

(27)有許多事情我都很想親自去嘗試。

(28)我喜歡唱沒有人知道的新歌。

(29)我不喜歡在班上同學面前發表意見。

(30)當讀小說或看電視時，我喜歡把自己想成故事中的人。

(31)我喜歡幻想 200 年前人類生活的情形。

(32)我常想自己編一首新歌。

(33)我喜歡翻箱倒櫃，看看有些什麼東西在裏面。

(34)畫圖時，我很喜歡改變各種東西的顏色和形狀。

(35)我不敢確定我對事情的看法都是對的。

(36)對於一件事情先猜猜看，然後再看是不是猜對了，這種方法很有趣。

(37)玩猜謎之類的遊戲很有趣，因為我想知道結果如何。

(38)我對機器有興趣，也很想知道它裏面是什麼樣子以及它是怎樣轉動的。

(39)我喜歡可以拆開來的玩具。

(40)我喜歡想一些新點子，即使用不著也無所謂。

(41)一篇好的文章應該包含許多不同的意見或觀點。

(42)為將來可能發生的問題找答案，是一件令人興奮的事。

(43)我喜歡嘗試新的事情，目的只是想知道會有什麼結果。

(44)玩遊戲時，我通常是憑興趣參加，而不在乎輸贏。

(45)我喜歡想一些別人常常談過的事情。

(46)當我看到一張陌生人的照片時，我喜歡去猜測他是怎樣的一個人。

(47)我喜歡翻閱書籍及雜誌，但只想知道它的內容是什麼。

(48)我不喜歡探尋事情發生的各種原因。

(49)我喜歡問一些別人沒有想到的問題。

(50)無論在家裏或在單位，我總是喜歡做許多有趣的事。

2.按下列評分表進行評分。

評分表

題目	完全符合	部份符合	完全不符	題目	完全符合	部份符合	完全不符
1				26			
2				27			
3				28			
4				29			
5				30			
6				31			
7				32			
8				33			
9				34			
10				35			
11				36			
12				37			
13				38			
14				39			
15				40			
16				41			
17				42			
18				43			
19				44			
20				45			
21				46			
22				47			
23				48			
24				49			
25				50			

3.評分方法：本測試表共 50 題，包括冒險性、好奇性、想象力

和挑戰性四項；測驗後可得四種分數，加上總分，可有五項分數。

冒險性：包括 1、5、21、24、25、28、29、35、36、43、44 等 11 道題。其中 29、35 題為反面題目，得分順序分別為：正確題目，完全符合 3 分，部份符合 2 分，完全不符合 1 分；反面題目，完全符合 1 分，部份符合 2 分，完全不符合 3 分。

好奇性：包含 2、8、11、12、19、27、33、34、37、38、39、47、48、49 等 14 道題。其中 12、48 題為反面題，其餘為正面題目。計分方法同冒險部份。

想象力：包含 6、13、14、16、20、22、23、30、31、32、40、45、46 等 13 道題。其中 45 題為反面題，其餘為正面題。計分方法同冒險部份。

挑戰性：包含 3、4、7、9、10、15、17、18、26、41、42、50 等 12 道題，其中 4、9、17 題為反面題，其餘為正面題。計分方法同冒險部份。

 ## 遊戲討論

1. 每一題都要做，不要花太多時間去想。

2. 所有題目都沒有「正確答案」，憑你讀完每一句後的第一印象填寫。

3. 雖然沒有時間限制，但盡可能地爭取以較快的速度完成，越快越好。切記：憑你自己的真實感覺作答，在最符合自己的選項內打鉤。每一題只能打一個鉤。

9 遊戲名稱：大拍賣清單

主旨：

能夠快速應對變化的人，會願意冒風險，並且做事情相當的果斷。

這個遊戲向我們展示，即使是做一些積極的或必要的變動時，大多數人也會感到恐慌。它也向我們表明，我們的價值標準是如何影響我們的決定的，以及當我們陷入困境時，價值觀念是如何影響我們承擔風險的意願。

 遊戲開始

時間：80 分鐘

人數（形式）：不限

材料準備：

1. 為每個學員準備 2 張面值為 500 美元的鈔票用作道具；

2. 用每名「銀行家」10 張面值為 300 美元的鈔票作道具；

3. 每名學員 1 張拍賣單（見發放材料）

4. 每項拍賣物的所有權證明；

5. 小槌子

6. 鉛筆。

遊戲話術

有多少人曾想過中彩票？（培訓師請大家舉手示意）

中獎後你會怎麼做呢？（讓大家相互交流一下他們的宏偉幻想；立即申請辭職——也許炒掉老闆，搬到一個無人居住的荒島上去；整容；買棟別墅等等。兩分鐘的討論必定會帶來很多笑聲，至少會帶給學員一種非常積極樂觀的心境！）

如果你曾幻想過中彩票，那你肯定想過你可以用這些錢實現很多你想要做的事。可是你可曾想到中了彩票也會給帶來煩惱嗎？你們不得不躲避窘迫的親戚；失去友誼；半夜會接到陌生的電話；或者你會對一整天都呆在遊艇上感到很煩？一位心理學家說：儘管我們經常希望我們的一切情況會變得更加美好，但當我們真正面對這些變化的現實時，我們也會猶豫。你們聽說過成人的恐懼嗎？人們並不是真的害怕成功——他們害怕的是伴隨成功而帶來的變化。

在這個遊戲中，你們可以購買理想工作具有的一些特徵。正如生活中許多美好的事物一樣，它們也有各自的缺陷和不足。你自己來確定，它們對你來說究竟值不值得。

遊戲步驟

1. 發給每個學員一張物品拍賣單和 1000 美元作為道具用的「錢」。

2. 請學員們大致瀏覽一下羅列在拍賣單上的物品，並把他們最想擁有的物品圈上。然後，讓學員安排一下他們的預算，看看自己打算花多少錢「擁有」這些物品。提醒他們，他們只有 1000 美元，物品拍賣時每次加價 100 美元。他們可以把他們的錢分到幾件物品上，也可以全花在一件物品上——這由他們自己決定。注意，每件物品都列

出了能給所有者帶來的利益以及負面影響。

3.當學員選完他們想要的物品之後，稱自己為拍賣人，並向大家介紹一下物品拍賣的規則：

⑴底價都從 100 美元起。

⑵學員每次加價只能是 100 美元。

⑶為了保持公正，學員必須舉手出價，口頭出價在任何情況下都不被承認。拍賣人指出出價最高的出價人，在詢問是否有人願意出更高的價格前，確認剛才出價人的價格。

⑷學員不必遵守他們最初的預算計劃。他們可以在任何時候自由改變他們的計劃。（當然，如果他們已經買了某件物品，那麼這件物品就是他們的了，錢也就被花掉了。）

4.敲響「拍賣錘」，開始這場特殊的拍賣會。

5.介紹一下每件物品，要給大家詳細介紹它的優點及不足之處。從底價為 100 美元開始拍賣，直到得到最高的出價，交給他物品和其所有權證明。

6.當所有物品都賣出後，結束拍賣。

 ## 遊戲討論

1.在拍賣過程中，你有什麼感想和感受？

2.你是否對你在拍賣場上的表現感到滿意？從其他人身上，你觀察到了什麼？

3.有什麼物品你確實非常想擁有，但最終卻沒有得到？為什麼沒有得到呢？

4.有什麼物品你不敢競買嗎？是那些物品？為什麼？

5.一旦出價開始以後，有多少人完全拋棄了最初的計劃預算？在拍賣過程中，是什麼使你們改變了計劃？

6. 在這個遊戲中，你只是冒一種風險，花費作為道具用的「錢」，得到你想要的。而在現實生活中，當你面對變化，甚至是積極的變化時，你冒的是什麼風險？（可能的答案：成就感、可能是侮辱、失去地位、眾叛親離、錢和權利等等。）

7. 這個遊戲的一些特徵（與他人的競爭、有限的資金、果斷地做出決斷）是如何與現實生活相聯繫的？

8. 我們對真正想要的事物的恐懼是怎樣影響我們應對變化和風險的？我們自己是怎樣成為自己成功路上的障礙的？

9. 要點：看看你在遊戲中所獲得的事物。想像一下在現實生活中，你確實擁有這些東西；想像一下無論你的所有權證明說明你擁有的是什麼，當你離開這個房間時，它們都會奇蹟般地出現。問問自己下面這些問題：

⑴在現實生活中獲得這些東西，你會冒什麼風險嗎？如果它們確實值得，你會怎麼做？

⑵如果你認為某一物品值得你甘願冒風險，那又是什麼阻止你，使你放棄了呢？

⑶為了更樂於接受變化，抓住機會，你需要有什麼感覺？瞭解什麼？

※發放材料

拍賣單、拍賣品

發放材料具體內容：

1. 薪水增加。這當然會給你帶來更多你想擁有的，也是你應該得到的物質享受——但是這也造成了追求更多無意義的東西的必要的結果，這是為了能使你承受最低的稅務負擔（以及最低的被審計的可能）。但是這一點帳目問題又有什麼可煩的呢？記住，你的全家會更

加尊敬你，愛你，因為你用你非凡的才能為全家掙了更多的錢。當有人對衣服、汽車以及其他物品的需求進一步增長的時候，你知道，你又需要再一次加薪。

2.任命你為公司董事會主席。受到尊敬，擁有權利，面對各種挑戰——沒有比這個更加適合的了。所有那些晚上和週末的會議再也不是問題了——你只要提防一下幕後的鬥爭就可以了！（其他那些積極擴張勢力的董事會成員中有些人會充滿惡意。）

3.定期與首席執行官私下進行會晤，並且他將按照你的意見行事。早該是那些真正理解基本問題的人發表意見的時候了。你的同事會喜歡你——並且為最終能有機會擁有他們而感到高興。他們會不斷的向你打聽，即使有時候你傳遞給他們的想法並沒有發揮作用，無疑他們也還是會支援你的。

4.一流的醫療福利。永遠不用再填一份表格！在你去看醫學博士、牙醫、按摩師或者推拿治療專家的時候，只需要帶著你的健康卡，而且只需要支付 20%的費用。（還有，你將享受這項服務——除非你愚蠢到自己主動放棄全部這些利益！）

5.技能培訓。你現在的職務需要不斷更新技能。另外，你並不確定自己什麼時候會考慮換工作。事實上，不斷參加培訓看上去好像是獲得更好就業機會的最好途徑。而另一方面，到現在為止，勉強挨過那些令人心煩的學習班，確實很難令人忍受，你認為確實值得嗎？

6.公司的日間托兒所。你可以在休息時間去看看孩子；如果孩子患病、碰破了皮或者出了其他什麼事情，你會立即被通知到。這解脫了你心頭多大的一個負擔啊！托兒所的員工將開始代替你教會你的孩子熱愛和關愛別人。

7.每年兩個月的帶薪假期。一般的假期是很短的，通常只有兩週的假期。有了兩個月的帶薪假期後，那些使人有點兒心煩的例行公務

的遊覽，現在再也不存在了。這是脫離平時工作的激烈競爭的真正意義上的休假。充分享受這個假期吧，不要擔心一些小事情，如：當你休完假，返回辦公室，你的桌上會有像珠穆朗瑪峰一樣高的沒有處理的文件等著你；或更糟的是你發現，你不在的時候，大家相處得更好。

8. 擁有你們公司裏速度最快，介面最便捷的電腦。萬歲！你終於可以做一些事情了！這會極大的提高你的生活質量，因此，當你的同事請求在你離開的時候，允許他用一下你的電腦時，你能夠確定慷慨地答應他。

9. 客戶和同事都非常高興你能與他們同一個街區。這一點可能有不好的方面嗎？你不知道，反正，我一個也想不出來。

10. 一個非常樂於教你的更好的老闆。這一點可能有不好的方面嗎？我不知道，反正，我一個也想不出來。

11. 靈活的上班時間。謝天謝地！再也不用在每天的高峰期上下班了，這常常使人發火。因此，你可能要早上 4 點起床，晚上 8 點下班。想想一年節省的上下班往返的時間吧。

12. 公司的專車，配有司機，負責接送你上下班。把交通的煩惱留給他人！而把寶貴的精力，以及往返時間花在公司的業務上面。（這當然也是你的老闆給你配專車時所希望的。）

13. 慷慨的著裝補貼。沒有什麼比你看起來像擁有百萬美元一樣的感覺更好的了——除非大家知道，你是用別人的錢買衣服！當你的老闆和同事比以前更帶有批判的眼光審視你的外表時——你知道自己很有鑒賞力，代表著新的時尚潮流。

14. 公司部門的重要人物。你非常善於給客戶留下深刻的印象，並習慣於每天工作 16 個小時後才睡覺，有時候只在中午打下盹兒。事實上，你一點兒也沒有得到經營管理的任何好處。（無疑，你的婚姻一定要穩固，這樣你的配偶才可能不對公司提供給你的其他機會提出

質疑。）

15.通訊方便。在家裏工作完全是一種享受。你想幾點起床，就可以幾點起床，伸伸懶腰；隨時可以走到你儲存豐富的冰箱，找些吃的，喝的；你可以從自己私人珍藏的光碟中選擇喜歡的音樂來播放。當然肯定不會有注意力不集中的危險——當手頭的工作需要你集中精神的時候，你可以關掉光碟機。

16.擁有一間自己的辦公室，有窗子和一扇帶鎖的門。啊，保留隱私！不在一般的工作區工作，遠離那裏的嘮叨和流言蜚語，真是太棒了。即使他們有時候會談起你，談到你換了位置，但誰還關心這個呢？你照樣可以通過單位的主管知道，任何惡意的背後中傷都是靠不住的。

17.一分美味的午餐，每天按照你點的飯菜，送到你的面前。非常好的自助伙食！我們有些人只講究吃，毋庸置疑這頓餐將大大提高你工作時的生活質量。（你只需採取一些適當的方法，減掉伴隨它增加的體重。）

18.擁有一間帶按摩浴缸的浴室。太好了，但大多數經理很少有時間使用這些設施——你知道自己也一樣。（然而，即使很少用，你至少可以炫耀，你有一間這樣的浴室，那會使你得到大家更多的喜愛！）

19.可以選擇到自己喜歡的城市工作。紐約、巴黎、香港、鱷魚島——現在由你選擇你曾經夢想的城市！做好離家、離開朋友的準備。（在那些年裏，你還是會經常見到他們的。）從現在開始，準備經歷許多人只想想的事情吧？勇敢的開拓新世界，探索別人沒有走過的區域！力量永遠伴隨著你……

20.靠近辦公室的停車位。再也不會遲到了，再也不會有那種使你頭痛的不愉快的經歷了，從你的停車位走到辦公室門口——幾乎所有的人都知道你是誰了！你的一些同事有點嫉妒了吧？

10 遊戲名稱：要如何找出兇手

主旨：

　　要讓學員參加遊戲，並在遊戲中養成主動思考、認真分析、獨立解決問題的習慣，找到解決問題的方法。遇到棘手的問題，學會開動腦筋，從多方面找解決問題的突破口，使學生的創新能力得到提升，並應用新資訊解決實際問題。

遊戲開始

時間：50 分鐘

人數(形式)：不限

材料準備：記時器、隨身聽 3 個

遊戲話術

　　有多少人認為：員工解決問題的能力是區分公司強弱的關鍵之一。在一個好的公司裏，解決問題是每一個員工的使命。能力強的人遇到問題是找答案，能力弱的人遇到問題是不斷地抱怨。

　　現在我們正在追蹤一起謀殺案……誰是真正的兇手呢？他就在我們中間！我們一定要把他挖出來！你們是真正的偵探，你們有信心找出真凶嗎？

遊戲步驟

1.培訓師在全體學員中徵集 4 名自願者,組成一個隊,將他們編成 1、2、3、4 號,並且把這 4 名自願者按編號稱作偵探 1、2、3、4。

2.培訓師讓 2、3、4 號偵探帶上耳機,面對牆站立,並且開始放出動感音樂,以使他們聽不見場上的培訓師和聽從的交流。當他們聽動感音樂的時候,培訓師開始描述遊戲,並且描述兇手特徵。

3.培訓師描述遊戲:「這是一起謀殺案!」或者「這是一起行賄受賄的案件!」接著,培訓師從聽眾中指定一名成員作為兇手,並且告訴 1 號隊員以下資訊:

> ⑴兇手的職業;
> ⑵謀殺案發生的地點;
> ⑶罪犯作案時候所使用的工具。

然後 1 號偵探迅速地用肢體語言和啞劇的方式把這些細節包括兇手的外貌特徵告訴 2 號偵探。在 1 號偵探描述兇手的特徵時,2 號偵探不能摘下自己的耳機,以免聽見 1 號偵探說的話。

4.然後 2 號偵探接下來用同樣的方法把消息傳給 3 號偵探。3 號偵探再傳給 4 號偵探。遊戲者總共有 10 分鐘的時間把這些消息傳遞給 4 號偵探,從而讓 4 號偵探找出兇手,並說出:

> ⑴兇手的職業;
> ⑵謀殺案發生的地點。
> ⑶罪犯作案時候所使用的工具。

5.聽眾有兩項工作。首先是配合培訓師向 1 號偵探說出兇手的職業、工具和案發地點。聽眾描述兇手使用的武器不必太專業,以防

給遊戲造成障礙。這個武器可以是任意一件物品。例如：聽眾可以告訴 1 號偵探兇手使用的是一個巨大的漢堡，或者是一隻粉筆、釣魚鈎、冰塊……事實上任何物品都是可以的。最後，當 4 號偵探找出兇手的時候，用熱情的喝彩表示鼓勵，儘管他(或者她)找錯了兇手。

6.當 1 號偵探獲得資訊之後，開始記時。1 號偵探應當馬上走到 2 號偵探面前，比比劃劃的交談，交流資訊。在偵探們交流資訊的時候，培訓師要經常提醒他們注意時間：「還有 3 分鐘，還有 1 分鐘，還有……」

7.當 2 號偵探弄清楚兇手的特徵後，他必須立即模仿兇手的樣子，使用兇器「殺死」1 號偵探，然後到 3 號偵探那裏，用令人費解的肢體語言和啞劇的方式傳遞資訊。當 3 號偵探弄懂之後，他必須再用他理解的殺人方式「殺死」2 號偵探，然後找到 4 號偵探，繼續遊戲，直到 4 號偵探收到資訊，或者 10 分鐘的時間已到，記時器鈴聲響起。

8.當記時器響鈴的時候，讓 4 號偵探摘下耳機，要他按照其他偵探所述的殺手外貌特徵，在觀眾中找到兇手，並問 4 號偵探：「兇手的職業是什麼？案發的地點在那裏？用的是什麼武器？」無論 4 號偵探多麼困惑不解，他在回答的時候都要求表現出相當的自信，而且把 3 號偵探所傳遞的資訊，串編成一個案件。培訓師要帶領觀眾為 4 名偵探的場上表現鼓掌，並讓他們就坐。

9.如果時間允許的話，再組織 4 名隊員來重覆這一過程，分別使用不同的職業、案發地點和兇器，以及指定不同的兇手。

 ## 遊戲討論

1.培訓師以感性的語氣對學員說話，這個遊戲的目的不是教你捏造知識，而是讓你不要太多地顧慮知識的不足。如果你現在不能認識

到這一點，那麼該是時候了，即使最有經驗、最有能力的人，在面對新的富有挑戰性的環境的時候，也會因為自己的「知識不足」而感到沒有把握——有時候甚至會害怕！但是，誰又能夠從一開始就有充足的信心來完成任何事情呢？

2. 現實工作中，對專業知識的要求是什麼樣的呢？當你不是你所從事學科的權威時候，你怎樣應對工作中出現的問題？告訴你的學員大多數人都不是專業權威。我們還需要從別人那裏獲取資訊，沒有理由為不知道所有問題的答案而感到慚愧。

3. 你在遊戲中，如果不明白隊友的語言，你會使用什麼技巧來推測兇手的特徵資訊？當你需要專業知識，甚至當你實在不知道如何繼續下去的時候，自信地繼續下去感覺會如何？這種方法難道僅僅在遊戲中才有嗎？

培訓師講故事

美國商業精英鮑伯·費佛在他的每個工作日裏，一開始的第一件事情，就是將當天要做的事情分成三類：第一類是所有能夠帶來新生意、增加營業額的工作；第二類是為了維持現有的狀況或使現有狀態能夠繼續存在下去的一切工作；第三類則包括所有必須去做、但對企業和利潤沒有任何價值的工作。在完成所有第一類工作之前，鮑伯·費佛絕不會開始第二類工作，而且在全部完成第二類工作之前，絕對不會著手進行第三類工作。「我一定要在中午之前將第一類工作完全結束」，鮑伯給自己規定，因為上午是他認為自己最清醒、最有建設性思考的時間。

「你必須堅持養成一種習慣：任何一件事情都必須在規定好的幾分鐘、一天或者一個星期內完成，每一件事情都必須有一個期限。如果堅持這麼做，你就會努力趕上期限，而不是永無休止地拖延下去。」

培訓師講故事

　　一個人得了難治之症，終日為疾病所苦。為了能早日痊癒，他看過了不少醫生，都不見效果。他又聽人說遠處有一個小鎮，鎮上有一種包治百病的湖水，於是就急急忙忙趕過去，跳到水裏去洗澡。但洗過澡後，他的病不但沒好，反而加重了。這使他更加困苦不堪。

　　有一天晚上，他在夢裏夢見一個精靈向他走來，很關切地詢問他：「所有的方法你都試過了嗎？」

　　他答道：「試過了。」

　　「不，」精靈搖頭說，「過來，我帶你去洗一種你從來沒有洗過的澡。」

　　精靈將這個人帶到一個清澈的水池邊對他說：「進水裏泡一泡，你很快就會康復。」說完，就不見了。

　　這病人跳進了水池，泡在水中。等他從水中出來時，所有的病痛竟然真地消失了。他欣喜若狂，猛地一抬頭，發現水池旁的牆上寫著「拋棄」兩個字。

　　這時他也醒了，夢中的情景讓他猛然醒悟：原來自己一直以來任意縱容自己，導致自己受害，甚至讓自己毀滅。於是他

就此發誓，要戒除一切惡習。他履行自己的誓言，先是苦惱從他的心中消失，沒過多久，他的身體也康復了。

培訓師講故事

1.動機

一條獵狗將兔子趕出了窩，一直追趕他，迫了很久仍沒有捉到。牧羊看到此種情景，譏笑獵狗說：「你們之間小的反而跑得快得多。」獵狗回答說：「你不知道，我們兩個的跑是完全不同的！我僅僅為了一頓飯而跑，他卻是為了性命而跑呀！」

2.目標

這話被貓人聽到了，獵人想：獵狗說得對啊，那我要想得到更多的獵物，得想個好法子。

於是，獵人又買來幾條獵狗，凡是能夠在打獵中捉到兔子的，就可以得到幾根骨頭，捉不到的就沒有飯吃。這一招果然有用，獵狗們紛紛去努力追兔子，因為誰都不願意看著別人有骨頭吃，自己沒得吃。就這樣過了一段時間，問題又出現了。大兔子非常難捉到，小兔子好捉。但捉到大兔子得到的獎賞和捉到小兔子得到的骨頭差不多，獵狗們善於觀察發現了這個竅門，專門去捉小兔子。慢慢地，大家都發現了這個竅門。獵人對獵狗說：最近你們捉的兔子越來越小了，為什麼？獵狗們說反正沒有什麼大的區別，為什麼費大勁去捉那些大的呢？

3.動力

獵人經過思考後，決定不將分得骨頭的數量與是否捉到兔

子掛鈎，而是採用每過一段時間，就統計一次獵狗捉到兔子的總重量。按照重量來評價獵狗，決定一段時間內的待遇。於是獵狗們捉到兔子的數量和重量都增加了。獵人很開心。但是過了一段時間，獵人發現，獵狗們捉兔子的數量又少了，而且越有經驗的獵狗，捉兔子的數量下降的就越利害。

於是獵人又去問獵狗。獵狗說：「我們把最好的時間都奉獻給了您，主人，但是我們隨著時間的推移會老，當我們捉不到兔子的時候，您還會給我們骨頭吃嗎？」

4. 長期的骨頭

獵人做了論功行賞的決定。分析了所有獵狗捉到兔子的數量與重量，規定如果捉到的兔子超過了一定的數量後，即使捉不到兔子，每頓飯也可以得到一定數量的骨頭。

獵狗們都很高興，人家都努力去達到獵人規定的數量。一段時間過後，終於有一些獵狗達到了獵人規定的數量。這時，其中有一隻獵狗說：「我們這麼努力，只得到幾根骨頭，而我們捉的獵物遠遠超過了這幾根骨頭。我們為什麼不能給自己捉兔子呢？」於是，有些獵狗離開了獵人，自己捉兔子去了。

5. 骨頭與肉兼而有之

獵人意識到獵狗正在流失，並且那些流失的獵狗像野狗一般和自己的獵狗搶兔子。

情況變得越來越糟，獵人不得已引誘了一條野狗，問他到底野狗比獵狗強在那里。

野狗說：「獵狗吃的是骨頭，吐出來的是肉啊！」接著又道：「也不是所有的野狗都頓頓有肉吃，大部份最後骨頭都沒得舔！不然也不至於被你誘惑。」於是獵人進行了改革，使得每

條獵狗除基本骨頭外，可獲得其所獵兔肉總量的一部份，而且隨著服務時間加長，貢獻變大，該比例還可遞增，並有權分享獵人的兔肉。

就這樣，獵狗們與獵人一起努力，將野狗們逼得叫苦連天，紛紛強烈要求重歸獵狗隊伍。故事還在繼續……

6.只有永遠的利益，沒有永遠的朋友

日子一天一天地過去，冬天到了，兔子越來越少，獵人們的收成也一天不如一天。而那些服務時間長的老獵狗們老得不能捉到兔子，但仍然在無憂無慮地享受著那些他們自以為是應得的大份食物。終於有一天獵人再也不能忍受，把他們掃地出門，因為獵人更需要身強力壯的獵狗……

7. MicroBone 公司的誕生

被掃地出門的老獵狗們得了一筆不菲的賠償金，於是他們成立了 MicroBone 公司。他們採用連鎖加盟的方式招募野狗，向野狗們傳授獵兔的技巧，他們從獵得的兔子中抽取一部份作為管理費。當賠償金幾乎全部用於廣告後，他們終於有了足夠多的野狗加盟。公司開始贏利。一年後，他們收購了獵人的家當……

8. MicroBone 公司的發展

MicroBone 公司許諾給加盟的野狗能得到公司 n% 的股份。這實在是太有誘惑力了。這些自認為是懷才不遇的野狗們都以為找到了知音：忠於做公司的主人了，不用再忍受獵人們呼來喚去的不快，不用再為捉到足夠多的兔子而累死累活，也不用眼巴巴地乞求獵人多給兩根骨頭而扮得楚楚可憐。這一切對這些野狗來說，這比多吃兩根骨頭更加受用。於是野狗們拖家帶

口地加入了 MicroBone，一些在獵人門下的年輕獵狗也開始蠢蠢欲動，甚至很多自以為聰明實際愚蠢的獵人也想加入。好多同類型的公司像雨後春筍般地成立了，BoneEase，Bone.com，ChinaBone……一時間，森林裏熱鬧起來。

9.自傳的誕生

獵人憑藉出售公司的錢走上了老獵狗走過的路，最後千辛萬苦要與 MicroBone 公司談判的時候，老獵狗出人意料地順利答應了獵人，把 MicroBone 公司賣給了獵人。老獵狗們從此不再經營公司，轉而開始寫自傳《老獵狗的一生》，又寫：《如何成為出色的獵狗》、《如何從一隻普通獵狗成為一隻管理層的獵狗》、《獵狗成功秘訣》、《成功獵狗 500 條》、《窮獵狗，富獵狗》，並且將老獵狗的故事搬上螢幕，取名《獵狗花園》，四隻老獵狗成為了家喻戶曉的明星F4。收版權費，沒有風險，利潤更高。

第 九 章

團隊合作能力培訓遊戲

1 遊戲名稱：奇怪的冰紅茶

主旨：

　　現代潮流是要求崇尚團隊合作精神和群體智慧，完成工作只靠個人的力量是不會成功的。

　　和諧的工作環境、融洽的人際關係，是企業興旺發達的基本保證。缺乏容人雅量、孤傲脫群，這樣的人勢必不受歡迎。

　　這個冰紅茶遊戲必須依靠學員的團隊合作精神來完成，使他們在遊戲中學習到如何溝通協調，增強團隊凝聚力。

 遊戲開始

　　時間：25 分鐘

　　人數(形式)：30 人

遊戲話術

　　在公司內部，提倡員工不斷培訓，愉快工作，發揚團隊合作的精神，在工作中不斷創造價值，完善自我。我們接下來要做的拼圖遊戲會讓你們體驗到這種團隊精神。相信大家都玩過拼圖遊戲，可是你聽說過用 12 盒冰紅茶做拼圖遊戲嗎？

　　讓我們一起來試試！（在每個桌子分別放上 12 盒冰紅茶，紅的、綠的……）

 ## 遊戲步驟

　　1. 30 名學員分成 4 個小組，兩個小組一隊，編成兩個競賽小隊。

　　2. 一個競賽小隊中的一個組，背著另一組先將自己桌上的 12 盒冰紅茶擺成任意形狀。

　　3. 通過語言描述同隊中的另一組，另一組聽到描述後即開始擺放。另一隊亦然。

 ## 遊戲討論

　　1. 你們在遊戲中的溝通有困難嗎？

　　2. 你怎樣與那些難以溝通協作的同學合作的？

　　3. 上級給下屬佈置任務。要簡單明瞭，內部流程不要故意弄得很複雜，人為地設置障礙。

　　4. 指令一定要明確，描述一定要到位。

2 遊戲名稱：叢林脫險

主旨：

團隊精神之所以被重視，是因為它能讓我們體會到團體的巨大力量，並在這種精神的帶領下，使團體中每個人的價值都得到充分的發揮，進而得到團體之中每個成員的認同。

培訓師讓學員將個人智慧和團隊力量作比較，從遊戲中得到啓示：團隊的智慧高於個人智慧的平均組合；只要學會運用團隊工作方法，就可以達到更好的效果。

 ## 遊戲開始

時間：50 分鐘

人數(形式)：15 人

材料準備：迷失叢林的工作表、專家意見表，教室及會議室

 ## 遊戲話術

誰能告訴我，什麼樣的決策才是最好的？團體的力量大於個人能力的總和，這條規則你能認同嗎？過去你對這條規則是怎樣認識的呢？贊成？反對？(示意舉手)

讓我一起迷失叢林吧！

遊戲步驟

1. 培訓師把「迷失叢林」工作表發給每一位學員，而後講下面一段故事：

> 你是一名飛行員，但你駕駛的飛機在飛越非洲叢林上空時突然失事，這時你必須跳傘。與你們一同落在非洲叢林中的還有 14 樣物品，這時你必須為此做出一些決定。

2. 在 14 樣物品中，先以個人形式把 14 樣物品以重要順序排列出來，把答案寫在第一欄。（見後面的工作表）

3. 當大家都完成之後，培訓師把全班學員編為 5 人一組，讓他們開始進行討論，以小組形式把 14 樣物品重新按重要順序排列，並把答案寫在工作表的第二欄，討論時間為 20 分鐘。

4. 當小組完成之後，培訓師把專家意見表發給每個小組，小組成員將把專家意見填入第三欄。

5. 用第三欄減第一欄，取絕對值得出第四欄，用第三欄減第二欄得出第五欄，把第四欄累加起來得出每個人得分，第五欄累計起來得出小組得分。

6. 培訓師把每個小組的分數情況記錄在白板上，用於分析：

小組	全組個人得分	團隊得分	平均分
1			
2			
3			
4			

5			

7. 培訓師在分析時主要掌握的關鍵地方：

找出團隊得分低於平均分的小組進行分析，說明團隊工作的效果（1＋1＞2）。

 ## 遊戲討論

1. 你對團隊工作方法是否有更進一步的認識？

2. 你的團隊是否出現了意見壟斷的現象，為什麼？你所在的小組是用什麼方法達成共識的？

3. 將下列表格內容列印給學員：

第一步：計算個人得分

第二步：計算團隊得分

第三步：統計小組中最低個人得分

第四步：計算個人得分低於團隊得分的總和

第五步：計算個人得分平均數

專家選擇表（附一）

藥箱 6　手提收音機 13　打火機 2　3 隻高爾夫球杆 7　幾個大綠色垃圾袋 11　指南針羅盤 14　蠟燭 3　手槍 12　一瓶驅蟲劑 5　大砍刀 1　蛇咬藥箱 10　一盒輕便食物 8　一張防水毛毯 4　一個熱水瓶 9

工作表（附二）

序號	物品清單	個人順序	小組順序	專家排列	個人和專家比較（3-1）	小組與專家比較（3-2）
1	藥箱					
2	手提收音機					
3	打火機					
4	三隻高爾夫球杆					
5	七個大的綠的垃圾袋					
6	指南針					
7	蠟燭					
8	手槍					
9	一瓶驅蟲劑藥箱					
10	大砍刀					
11	索咬藥箱					
12	一盒輕便食物					
13	一張防水毛					
14	一個熱水瓶					

4. 第一輪的結果是什麼樣的？和你想像的有多大區別呢？

5. 第二輪是個什麼樣的結果呢？第一輪的結果與第二輪的結果，那個更讓你滿意？為什麼？

6. 遊戲結束以後，你的感受是什麼？你的感受之源是什麼？

7. 這個遊戲教會了你什麼？

3 遊戲名稱：新型態接力賽

主旨：

合作精神是一個優秀的團隊不可缺少的特點。

團隊成員要排除一切干擾進行配合，是合作精神的更高層次的、嶄新的思維尺度，我們把這稱為「團隊默契」。本遊戲從另一角度培養學員們的團隊精神，讓學員們在「完全無語言溝通」的情況下進行合作。

 ## 遊戲開始

時間：35 分鐘

人數(形式)：18 人

材料準備：筷子、小橡皮圈、十幾張凳子

 ## 遊戲話術

現在，我們要進行一個遊戲。我知道你們會喜歡的。而且我保證：你們不用語言也可以交流(給學員們一些時間討論)……好了，現在請大家起立，將凳子放成兩行……

 ## 遊戲步驟

1. 確定本次遊戲有多少人參加，按照參加遊戲的人數平均分成兩組，再分配紅色小圓形標誌和黃色的小三角形標誌，並將標誌分別佩

帶在兩組學員身上以示區別。

2. 從每組中挑選三名成員充當「恐怖分子」，干擾遊戲。

3. 現在剩餘的成員，按照分好的小組排成一排，站在凳子上面，給每位凳子上的學員發一支筷子。

4. 讓學員們將筷子銜在嘴裏，給站在第一位的學員的筷子上套一個橡皮圈，要求第二名學員用筷子接住後向下傳，第三名接住後再往下傳……直到最後一名學員。

5. 站在地上的異組「恐怖分子」，可以採用任何方式對站在凳子上的人進行干擾，但是禁止推凳子。

規則：如果橡皮圈或者筷子掉在地上，就得重新開始，將橡皮圈返還給第一位同學。最先傳完的小組獲勝。

 遊戲討論

1. 你在遊戲步驟中，抗干擾的能力有多強？

2. 那些情況下可以用語言「干擾」對方？

3. 在這個遊戲中，要完成整個傳遞過程，我們應該做些什麼？我們怎樣才能做得更好呢？

4. 問獲勝的小組：你認為你們獲勝的秘訣在那裏？這對你的日常工作很重要嗎？對你有什麼啓發？

5. 很明顯，在這個遊戲中，你們不得不以直覺的能力進行交流，如何對這些技巧加以變通，以便在平時的工作中加以運用？

6. 在不能用語言交流時，你的團隊怎樣才能發揮出團隊合作精神，排隊外界干擾，完成任務？在工作中，你也可以做到嗎？

本遊戲非常活躍，但帶有危險性，在遊戲步驟中一定要提醒你的學員注意不要從凳子上摔下來，當然這樣的事情一般不容易發生。在遊戲結束以後，可以提出幾個問題，聽聽學員此時的想法和感覺。

這時的提問應該側重於他們對其團隊合作的想法和感覺，以及遊戲進展如何等話題。

 4 # 遊戲名稱：團隊積木遊戲

主旨：
　　全公司的工作夥伴組成一個團隊，共同為一個明確的總體目標而努力。如果這公司的員工真正協作起來，面貌就會煥然一新。因此公司必須非常重視協作。這個遊戲是希望學員能在其中找到合作的默契。

 ## 遊戲開始

遊戲時間：70 分鐘

人數（形式）：30 人

材料準備：七彩積木若干組、培訓室、培訓師選自己的積木做好一個模型。

 ## 遊戲話術

　　管理者應該珍視員工的點滴貢獻，與員工平等相處，相互尊重。你們是不是也和我一樣崇尚團隊精神與協作精神呢？（這一定會讓大家贊同）

　　小時候玩過搭積木嗎？看著自己搭的房子是很開心的。現在我

們起立到教室外面，活動一下筋骨。我們要搭一棟房子，不過要與我給的模型一樣喔！

 ## 遊戲步驟

1. 將參加人員分成若干組，每組 5 人為宜。

2. 每組討論三分鐘，根據自己平時的特點分成兩隊，分別為「指導者」和「操作者」。

3. 請每組的「操作者」暫先到教室外面等候。

4. 這時培訓師拿出自己做好的模型，讓每組剩下的「指導者」觀看（不許拆開），並記錄下模型的樣式。

5. 15 分鐘後，將模型收起，請「操作者」進入教室，每組的「指導者」將剛剛看到的模型描述給「操作者」，由「操作者」搭建一個與模型一模一樣的造型。

6. 培訓師展示標準模型，用時少且出錯率低者為勝。

7. 讓「指導者」和「操作者」分別將自己的感受用彩色筆寫在白紙上。

 ## 遊戲討論

1. 指導者和操作者感受到的壓力有什麼不一樣？

2. 當操作者沒有完全按照你的指導去做的時候，作為指導者的你，有什麼感覺？

3. 當你未能領會指導者意圖時，作為操作者你有什麼感覺？

4. 當競爭對手已經做完，並歡呼雀躍時，你們有什麼感覺？

5. 當看到最後的作品與標準模型不一樣的時候，你們有什麼感受？

6. 是效率給予的壓力大，還是安全性給予的壓力大？

5 遊戲名稱：創造出巨人

主旨：
　　此項活動旨在增強團隊成員間相互協作的能力，使團隊能力達到最大程度的發揮，工作開展起來也會更快捷，更有效率。

　　用比較活躍的氣氛開展此項活動，可促進團隊成員在協作和競爭中增進瞭解，增強團隊凝聚力。

 ## 遊戲開始

　　時間：40 分鐘（先是 20 分鐘討論，20 分鐘遊戲）

　　人數（形式）：36 人（12 人一組）

　　材料準備：每組氣球 100 個，塑膠打氣筒 1 個，小丑戲服 1 套。

 ## 遊戲步驟

　　1. 培訓師發給每組學員一份材料。

　　2. 每組選出一位組員作為「巨人」。

　　3. 每組利用所給材料，讓組員想辦法令「小組巨人」變得越來越「強壯」。

　　4. 在規定的 10 分鐘時間內評選最「強壯」的「小組巨人」。

 ## 遊戲討論

　　1. 本小組是什麼方法令「小組巨人」變得越來「強壯」的？

2. 在遊戲中，看見其他小組的「巨人」變得越來越「強壯」的，你的反應是什麼？

3. 也許你立即就能想到讓你們的「小組巨人」四肢發達起來，接著就是他的胸部和背部了，這沒錯，我的夥計，用什麼辦法，將這些氣球拴在他的身上呢？所以別急著將所有的氣球都充滿氣，而是留一些作其他的備用工具，例如作繩子用。

4. 誰充氣？誰紮頭，誰武裝「小組巨人」？都已分配好了嗎？千萬不要全小組成員一窩蜂的都來做同一件事。

5. 還有，別太貪！充過多的氣，氣球是易爆的。

6. 不要充一個就往巨人身上「穿」一個，先將這些球做成一個身體，然後再給巨人穿上，是不是更有效率一些？

6 遊戲名稱：跳繩活動

主旨：

團體整體作戰方式中，真正的整體配合，就是成員之間要能夠有效的配合。趣味跳繩子表現出團隊作戰隊員之間默契配合的樂趣。

 遊戲開始

時間：45 分鐘

人數(形式)：18 人

材料準備：粗棉繩一條

遊戲話術

大家都跳過繩吧？在玩的時候會發生很多事，不同的人會有不同反應，為什麼呢？

這有一個典型的團隊活動，需要大家共同配合，怎樣取得最佳合作效果？讓我們帶著這些問題，再玩一次跳繩吧。

 ## 遊戲步驟

1.將全部學員分成 3 隊。

2.在各自的隊伍裏兩兩組合，組成搭檔。

3.讓他們把自己的一條腿和搭檔的一條腿捆在一起。

4.請兩個人各握住繩子的一端，其他人要一起跳過繩子，所有人都跳過算一下，數一數整個隊總共能跳多少下。以個數最多的團隊為勝。

5.注意：

⑴提醒膝蓋或腳部有傷者，視情況決定是否參與。

⑵場地宜選擇戶外草地進行，以免受傷。

⑶組合跳繩時應注意夥伴位置及距離，以及踏傷夥伴或互相碰撞。

 ## 遊戲討論

1.當有人被絆倒時，各位當時發出的第一個聲音是什麼？

2.發出聲音的人是在刻意指責別人嗎？

3.想一想自己是否不經意時就給別人造成壓力？

4.接下來我們應該怎麼做，剛才的感覺才不會發生？本遊戲可變化為：可考慮不同的跳繩方式，如：每個學員依序進入。可用兩條繩

子，或變換用繩方向。

7 遊戲名稱：我的好方法

> **主旨：**
> 當個人遇到問題，又想不出答案或找不到方法時，採用這種方式，可以集思廣益，博採眾長，讓每一個人都能為企業出謀劃策，以達到增強團隊凝聚力，從而解決問題的目的。

 遊戲開始

時間：15 分鐘

人數（形式）：團體參與形式

材料準備：三套教學用的抽認卡（規格為 5 英寸×8 英寸的卡片
上），每套都寫上從 1 到 10 的編號。

 遊戲步驟

1. 預先通知與會人員，來參加下次會議時每人都必須帶上至少一個主意、練習或者活動等。這些主意、練習和活動等都應該圍繞著一個中心主題（如怎樣改進質量、降低成本、獎勵出色的業績等等）。

2. 預先挑選出三個與會人員組成一個「專家小組」。

3. 在每個人講述自己的主意時，「專家小組」當場舉起事先準備好的抽認卡「打分」（分數最低為 1 分，最高為 10 分）。

4.主持人統計出每個人的總分，並宣佈最終的獲勝者是誰。

 遊戲討論

1.透過競爭來激發員工的思維，從而產生新的設想；

2.觸類旁通，看看這種方法可以應用到其他的領域；

3.今天有多少人獲得了至少一個有用的新主意？

4.這個遊戲是否在你的頭腦中激發出了火花或者幫你想出了一個新主意？

5.你能否想出可以應用這個方法的其他領域？

6.這一方法有沒有什麼變通方式？

8 遊戲名稱：孤島大遊戲

主旨：

不管你相不相信，溝通能力強的人可以靈活地使用任何有用的方式來表達自己。這是由於他們在平時的生活、工作中就會自覺不自覺地運用這種方式，例如語言、肢體語言等等。其實溝通可以有不同的方法。本遊戲將會告訴你語言和肢體語言對於溝通、交流的重要性。

 遊戲開始

時間：50分鐘

人數(形式)：6人一組，共三組，分別是盲人島、啞人島、自由

島三個島上的人。

材料準備：三塊 1.5 米見方的木塊作為三個島。兩塊長 1 米、寬
30 釐米的木板。

 ## 遊戲步驟

1. 將三塊方木塊放在空地上，之間相距 1.5 米。三組人員分別站在三個島上。

2. 遊戲開始時培訓師交給每個島一個紙條，三個島的人在完成某些步驟後才能順利過河。至於步驟，培訓師可以自己設定。

3. 在所有活動中，盲人島上的人不能看，要把眼睛罩上。啞人島上的人不能說話。自由島上的人無拘無束。

4. 自由島上的人要將另外兩個島上的人全都帶到自由島來。

 ## 遊戲討論

1. 任何人不能接觸地面。

2. 遊戲進行中要提出問題，進行考慮。

3. 鼓勵學員嘗試多種辦法，換角度思考。

4. 遊戲中遇到什麼阻力？三個島上的人在企業中相當於什麼角色？

5. 對怎樣才能站得穩和站得久，溝通在團隊當中是否有障礙？怎樣讓團隊的溝通無阻？

9 遊戲名稱：到底能站幾個人

主旨：

增強學員對團隊合作精神的理解；培養他們合作解決問題的能力；成員之間要相互信任。這些條件是達成團體目標實現的重要因素。

 ## 遊戲開始

時間：15 分鐘

人數(形式)：16 人

材料準備：一隻汽車備用輪胎

場地：教室

 ## 遊戲步驟

1. 培訓師把一隻備用輪胎放在空地上。

2. 然後讓團隊的全體成員都站上去，至少能夠停留 5 秒。

3. 儘量有更多的學員停留在輪胎上。

4. 在學員做的過程中，培訓師要留意他們的安全問題。

 ## 遊戲討論

1. 好的主意是怎樣產生的？大家是否容易達成共識？

2. 有沒有衝突及爭議出現？對於爭議，團隊是怎樣處理的？

10 遊戲名稱：有趣的懸崖遊戲

> **主旨：**
> 　　使主管認識到集思廣益在團隊工作中的應用。主管要不時地教導員工，使其認識到團隊成員之間的協作和互相幫助，是企業能夠長期穩定健康發展的前提。透過本遊戲，小組成員能體會到教導能力、計劃能力以及團隊合作精神等。

 ## 遊戲開始

　　時間：26 分鐘

　　人數(形式)：36 人

　　材料準備：一條麻繩，2 條短的白色繩子，一個水桶

　　場地：空地

 ## 遊戲步驟

　　1. 將麻繩一端繫到樹枝或橫梁上，另一端落到地面，在地面上畫兩條線，中間部份作為懸崖(兩條線的寬度視繩的高度及具體情況確定，可事先進行實驗加以確認)。

　　2. 培訓師告訴小組的全體組員，他們要從懸崖的一邊帶上一桶水，借助這條麻繩跑到另外一邊(在全過程中，水不能灑出來，同時人也不可掉下懸崖)。

遊戲討論

1. 回憶這項任務是怎麼開始的，是誰出的主意，大家為什麼接納他的主意？

2. 誰來做最艱巨的任務(帶水桶)？安排在什麼時候？為什麼安排在這個時候？

3. 怎樣使小組中的每位成員都學會盪繩子(泰山繩)的技巧？

4. 在遊戲中你的感覺是什麼？

培訓師講故事

　　有一次，獅子決定要征戰鄰國。於是，它召集了所有臣民來共同商討作戰計劃。猴子提出的計劃很週密。它安排大象做了部隊軍需官，負責運輸；熊是衝鋒陷陣的猛將；狐狸和猴子則充分發揮機智靈活的長處，在出謀劃策和提供情報上都擔當了重要的角色。其他動物也一一作了安排。

　　「驢子傻笨，兔子膽小，讓它們回去算了。」有大臣建議。

　　「不！」獸王獅子說，「我可不能少了它們。驢子嗓門高，可以給我們擔任號手；兔子跑得快，可以替我們傳遞消息。」

　　果然，在這次戰鬥中，每個動物都充分發揮了各自的優勢，包括驢子和兔子。獅子和它的臣民們打了一個漂亮的勝仗。

培訓師講故事

　　有一個農夫，他有 6 個兒子，可是他們一點都不團結，一天到晚總是鬧哄哄的，他雖試著用話語來開導他們，卻不見效。他想，用實例來說服兒子們或許能奏效。

　　於是，他把兒子們全叫了過來，囑咐他們在他面前放上一堆筷子。然後他把它們綁成一捆，告訴兒子們，一個接一個地拿起它，折斷它。他們全部試過了，可都折不斷。

　　然後，農夫又把這堆筷子解開，讓他們一人拿一根去折斷。這一回，他們輕而易舉就辦到了。

　　這時，農夫說道：「兒子們，只要你們保持團結，便能對付所有的敵人；但是爭吵和分散，就會使你們瓦解。這點道理都不懂的話，我就沒有什麼好說的了。」

　　團隊永遠大於個人，團隊作戰永遠用於單槍匹馬。

培訓師講故事

　　人體的各個器官一定要高度協調才行，鬧起彆扭可不是好玩的。可是有一天，四肢偏偏鬧起了彆扭。

　　事情是這樣的：終日勞累的四肢看到胃成天不幹活，心裏極不平衡，它們決定要和胃一樣，過一種不勞而獲的日子。

　　「哼，沒有我們四肢，胃只能喝西北風。我們受苦受累，做牛做馬，都是為了誰？還不是為了胃！可是我們這樣勞累得

到了什麼？我們宣佈罷工！」

於是，雙手停止了拿東西，手臂不再活動，腿也歇下來了，它們都對胃說：「自己勞動去，靠自己『豐衣足食』吧！」

沒過多久，饑餓的人就直挺挺地躺下了，因為心臟再也供不上新鮮的血液，四肢也就因此沒有了力氣，軟綿綿地耷拉在身上。這時，不想幹活的四肢才發現，在為全身的共同利益工作時，被它們認為是懶散和不勞而獲的胃，作用一點兒也不比它們小啊。

培訓師講故事

有人曾經在美國加利福尼亞大學做了這樣一個實驗：把 6 隻猴子分別關在 3 間空房子裏，每間兩隻，每一個房子裏分別放著一定數量的食物，但放的位置高度不一樣。第一間房子的食物就放在地上，第二間房子的食物分別從易到難懸掛在不同高度的適當位置上，第三間房子的食物懸掛在房頂。

等過了一段時間，他們打開房門，發現第一間房子的猴子一死一傷，傷的缺了耳朵斷了腿，奄奄一息。

第三間房子的猴子也死了。

只有第二間房子的猴子活得好好的。究其原因，第一間房子的兩隻猴子一進房間就看到了地上的食物，於是，為了爭奪唾手可得的食物而大動干戈，結果傷的傷，死的死。

第三間房子的猴子雖作了努力，但因食物掛得太高，難度過大，夠不著，被活活餓死了。只有第二間房子的兩隻猴子先

是各自憑著自己的本能蹦跳取食。最後，隨著懸掛食物高度的增加，難度增大，兩隻猴子只有協作才能取到食物。

於是，一隻猴子托起另一隻猴子跳起取食。這樣，每天都能取到夠吃的食物，很好地活了下來。而爭搶食物的和沒有合作的都出現了死傷。

只有真正體現出個體能力與水準，發揮個體的能動性和智慧，才能使團隊間相互協作，共渡難關。團隊合作的前提是讓每一個人都感覺到團隊的業績與自己息息相關，他是執行者，而非旁觀者。

第 十 章
執行力培訓遊戲

1 遊戲名稱：木頭的體積

主旨：

　　木頭的體積遊戲，考察的是團隊群體決策能力。這個遊戲看起來簡單，但在遊戲過程中，隊友會因為對問題的認識不同而產生衝突，透過遊戲，考驗團隊成員之間如何平衡衝突，並作出正確、有效的抉擇。

 遊戲開始

　　形式：12人一組

　　時間：　40分鐘

　　道具：成套的卡片（套數要與組數一致）

　　場地：室內

遊戲話術

1. 訓練學員進行有效的群體決策；

2. 讓學員體驗到個體思維方式的差異是如何影響團隊的有效決策的；

3. 讓學員體會群體決策中的有效衝突和無效衝突。

 遊戲步驟

1. 分成若干小組，每組 12 人。每組將獲得 12 張卡片，一人將拿到一張卡片。

2. 卡片上會有一些信息，小組的任務就是在 30 分鐘內利用卡片上提供的信息，共同完成一項計算木頭體積的任務。

3. 卡片信息如下：

卡片 1：

①你知道以下信息：木頭的密度 p＝0.8 克／釐米，木頭浮在水面的高度是 1 釐米。

②看完這些信息之後，要記住你所掌握的信息，並將卡片撕掉！

③和你們小組的人去討論吧！

卡片 2：

①你知道以下信息：計算體積的公式是 $v＝m/p$，木頭的形狀是不規則的。

②看完這些信息之後，要記住你所掌握的信息，並將卡片撕掉！

③和你們小組的人去討論吧！

卡片 3：

①你知道以下信息：木頭的品質是無法知道的，木頭有 9 個面！

②看完這些信息之後，要記住你所掌握的信息，並將卡片撕掉！

③和你們小組的人去討論吧！

卡片 4：

①你知道以下信息：木頭有三個面是一個正方形，木頭有 10 個面！

②看完這些信息之後，要記住你所掌握的信息，並將卡片撕掉！

③和你們小組的人去討論吧！

卡片 5：

①你知道以下信息：木頭的所有邊的長度只有兩個尺寸，木頭有 10 個面！

②看完這些信息之後，要記住你所掌握的信息，並將卡片撕掉！

③和你們小組的人去討論吧！

卡片 6：

①你知道以下信息：木頭的邊長一個是 10 釐米，一個是 5 釐米，木頭在水下的高度是 9 釐米。

②看完這些信息之後，要記住你所掌握的信息，並將卡片撕掉！

③和你們小組的人去討論吧！

卡片 7：

①你知道以下信息：木頭有 3 個面是一樣的！

②看完這些信息之後，要記住你所掌握的信息，並將卡片撕掉！

③和你們小組的人去討論吧！

卡片 8：

①你知道以下信息：你們小組成員提供的信息不一定是有用的！木頭不是個圓的。

②看完這些信息之後，要記住你所掌握的信息，並將卡片撕掉！

③和你們小組的人去討論吧！

卡片 9：

①你知道以下信息：你不知道任何信息！你是一個觀察員，你的身份要保密，別人不可以知道你的身份。你要仔細地觀察你的團隊最大的障礙在那裏？

②看完這些信息之後，要記住你所掌握的信息，並將卡片撕掉！

③和你們小組的人去討論吧！

卡片 10：

①你知道以下信息：你是最重要的人！雖然你不知道答案！但你知道憑你的經驗，你知道卡片 4 所有信息都是絕對正確的！

②看完這些信息之後，要記住你所掌握的信息，並將卡片撕掉！

③和你們小組的人去討論吧！

卡片 11：

①你知道以下信息：計算木頭的體積，也許一個小學生都會。

②看完這些信息之後，要記住你所掌握的信息，並將卡片撕掉！

③和你們小組的人去討論吧！

卡片 12：

①你知道以下信息：計算木頭的體積，起碼要是一個中學生才可以算出來。

②看完這些信息之後，要記住你所掌握的信息，並將卡片撕掉！

③和你們小組的人去討論吧！

答案：

看到圖片，你可能會覺得很奇怪，這只有一個答案，不就是一個邊長 10 釐米的正方體在一個角上被挖去了一個邊長為 5 釐米的正方體嗎，答案就是 875 立方釐米，而且只有 9 個面！

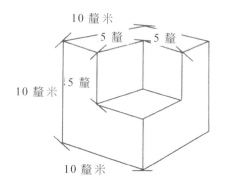

注意：

1. 遊戲的答案有兩個。

2. 遊戲中設計的陷阱，看學員是如何處理的。

 遊戲討論

正所謂「橫看成嶺側成峰，遠近高低各不同」，從兩種角度看這張圖，得出的結果是不同的。其實，這幅圖是一個視覺上容易出現差錯的圖。如果你俯視，可能也會發現是一個邊長為 5 釐米的正方體斜插在一個邊長為 10 釐米的正方體的一個角的形狀，這樣的話，就有 10 個面了，體積是大於 1000 立方釐米的。所以學員的衝突是在這裏體現的。

可以把遊戲中的正方體變成任意一個多邊體進行計算。

1. 學員間發生分歧怎麼辦？是如何解決問題的？

2. 在遇到困難的時候有沒有放棄尋找第二個答案的打算？

3. 持有不同卡片信息的人，在我們的企業組織當中會是什麼樣的一群人？

4. 群體決策有分工嗎？

5. 觀察員在當中有沒有去認真觀察？

2 遊戲名稱：神智清醒

主旨：

「繩智」清醒是一個考察團隊成員共同解決問題能力的遊戲。在這個遊戲中，雖然參與者都被用布蒙上了眼睛，但透過對任務的把握和對環境及團隊成員的感知，一定能找到最快、最好的解決辦法。這個遊戲對於增強團隊成員解決問題的能力有很大的幫助。

 遊戲開始

形式：全體參與

時間：30 分鐘

道具：每組一根長繩，每名成員一塊蒙布

場地：室內

 遊戲話術

認識團隊中解決問題的方法。

 遊戲步驟

1. 培訓人員告知全體學員他們將參加一個不尋常的問題解決遊戲，在他們用布蒙眼之前，向他們解釋一下整個遊戲。

2. 讓學員用布蒙住眼。告訴他們，在他們面前有一個布袋，裏面有一條繩子。

3.他們的任務是把繩子拿出來，並圍成一個圓圈，每個人都站在繩的週邊，保持距離均等。

注意：

1.對於合作好的小組，可以禁止他們用聲音進行交流。

2.從小組中選定一個觀察者，讓他站在一邊觀察，以對本遊戲有更深入的體會。

 遊戲討論

1.在遊戲中不同的成員對於遊戲本身積極的推動意義如何？

2.怎樣能夠更輕鬆一些，讓遊戲結束得更快？

在這種狀態下，大家應該根據自己的判斷，並結合實際情況，保持頭腦清醒，思維敏捷。不慌亂地去完成任務，效果才會好。

可以讓參與者拿著繩子組成任意的形狀，例如：三角形、正方形，甚至一條直線等。有時間的話，可以再做一遍，看時間是否會縮短。

3 遊戲名稱：贏得客戶

> **主旨：**
>
> 　贏得客戶遊戲考察的是團隊成員「贏得客戶」的能力，遊戲中的「客戶」和現實中的客戶一樣，都需要我們用心對待，並且，與團隊協作才能更好地贏得客戶的青睞。這個遊戲看似簡單，將遊戲道具與「客戶」的結合使完成任務頗具挑戰性。

 遊戲開始

　　形式：人數不限

　　時間：培訓人員可自行確定

　　道具：小絨毛玩具、乒乓球、小塑膠方塊各 1 個，將以上材料裝在一隻不透明包裹

　　場地：室內外均可

 遊戲話術

　　1. 讓學員體會團隊共同完成任務時的合作精神。

　　2. 讓學員體會團隊是如何選擇計劃方案以及如何發揮所有人的長處的。

　　3. 讓學員感受團隊的創造力。

遊戲步驟

1. 將學員分成幾個小組，每組不少於 8 人，以 10～12 人為最佳。

2. 培訓人員讓學員站成一個大圓圈，選其中的一個學員作為起點。

3. 培訓人員說明：我們每個小組是一個公司，現在我們公司來一位「客戶」（即絨毛玩具、乒乓球等）。它要在我們公司的各個部門都看一看，我們大家一定要接待好這個客戶，不能讓客戶掉到地下，一旦掉到地下，客戶就會很生氣，同時遊戲結束。

4. 「客戶」巡迴規則如下：

A. 「客戶」必須經過每個團隊成員的手遊戲才算完成。

B. 每個團隊成員不能將「客戶」傳到相鄰的學員手中。

C. 培訓人員將「客戶」交給第一位學員，同時開始計時。

D. 最後拿到「客戶」的學員將「客戶」拿給培訓人員，遊戲計時結束。

E. 3 個或 3 個以上學員不能同時接觸客戶。

F. 學員的目標是求速度最快化。

5. 培訓人員用一個「客戶」讓學員做一次練習，熟悉遊戲規則。真正開始後，培訓人員會依次將 3 個「客戶」從包中拿出來遞給第一位學員，所有「客戶」都被傳回培訓人員手中時遊戲結束。

6. 此遊戲可根據需要進行 3 至 4 次，每一次開始前讓小組自行決定用多少時間。培訓人員只需問「是否可以更快」即可。

 遊戲討論

1. 剛才的活動中，那些方面你們對自己感到滿意？

2. 剛才的活動中，那些方面覺得需要改進？

3. 這活動讓你們有什麼體會？

　對客戶關懷備至，使客戶感受到自己受人重視，同時懂得與團隊成員相互配合，彌補不足，成員以統一的精神面貌面對客戶，才會贏得客戶的青睞。

　1. 要想贏得客戶，企業的每個部門都要相互支援和合作。

　2. 銷售的成功並不是銷售部門的事情，要取決於全公司的支持。

　3. 要想在激烈競爭的環境中贏得客戶，發揮團隊的創造力是非常重要的。

　4. 創造力的發現需要嘗試和每個人的支援。

　5. 團隊的創造力決定團隊的品質和前景。

　遊戲中的道具可以換成人，選定三個或以上客戶。練習學員們面對客戶的時候能否做到以客戶為本，真誠、週到地為客戶提供服務。

4　遊戲名稱：盲人作畫

主旨：

　盲人作畫遊戲考察的是團隊的溝通交流能力和執行能力。畫一幅簡單的畫看似容易，但作畫者蒙上了眼睛，並由多個小組合作完成，就使畫好一幅畫有了難度。這個遊戲取勝的關鍵是小組中指揮者的表達能力和作畫者的執行能力。同理，在工作中團隊要取勝也是如此。

遊戲開始

形式：分為五隊，2人一小組

時間：10～15分鐘

道具：眼罩、黑板、粉筆

場地：室內

 遊戲話術

1. 考察團隊成員之間默契和配合情況。

2. 促進團隊成員之間的交流和溝通。

 遊戲步驟

1. 將所有參與者分為五個隊，每個隊中再分為 2 人一組的小組，並將其中的一個人的眼睛蒙上。

2. 讓蒙上眼睛的隊員拿著粉筆在黑板前畫畫，沒有蒙上眼睛的隊員在後面指揮，其他參與者在別人畫的時候觀看他們畫畫，畫完的隊員先不要摘下眼罩。

3. 每個隊共同完成一幅畫，每個小組只能畫一筆，畫完後換下一個小組。

4. 五個小組都畫完之後，蒙著眼睛的隊員摘下眼罩，觀看自己的傑作，並在小組中指導方的幫助下尋找自己所畫的那一筆。

5. 讓大家評出畫得最好的隊，給予一定的獎勵。

注意：

1. 負責指揮的隊員發揮著重要的作用，對其溝通能力有很高的要求，所以在指揮者的選擇上要慎重。

2. 選擇的畫不能太難，否則最後很容易成為塗鴉之作。

遊戲討論

1. 為什麼當隊員蒙上眼睛時畫的畫不如他們期望的那樣好？

2. 為什麼在剛開始畫時畫得還比較好，參與的小組越多卻越偏離畫的本來面目了呢？

3. 在工作場所中，是否有因為每個人的一點謬誤而差之千里的情況呢？

隊員之間的溝通是在本遊戲中取得勝利的關鍵。

可以每個小組都畫一幅畫，並由培訓人員將他們的畫掛到牆上，然後讓畫的作者挑出那幅畫是自己畫的，然後兩個隊員對調。

第 十 一 章

激勵能力培訓遊戲

1 遊戲名稱：手指銷售代表隊

主旨：

讓與會學員用一種幽默的方式，對自己的專業工作給予肯定，並懂得正確把專業技巧運用到實際工作中，增強與團體的溝通，更有利於工作的開展。

 ## 遊戲開始

時間：25分鐘

人數(形式)：團體參與形式

遊戲步驟

1. 語氣輕鬆地告訴學員，你打算主持一次國家銷售代表測試。

2. 請大家把右手放在水平桌面上，掌心向上，手指伸展開，僅讓中指的關節緊貼在桌面上。

3. 告訴他們你要問四個簡單的問題。如答案為「是」，他們應該通過舉起拇指或你指定的某一手指來表示。

4. 開始提問四個問題：

⑴「從你的拇指開始。你是否從事過銷售工作？如果是，把你右手的拇指舉高。」

⑵「好，拇指放下。現在輪到小拇指了。你是否擁有過一份有趣的工作？如果是，請小拇指舉起來。」

⑶「現在輪到食指了。你是否喜歡自己所從事的工作？如果是，把食指舉起來。」

⑷「謝謝。所有的手指放回原位，現在問最後一個問題。用無名指，誠實地回答我，你是否真的擅長這份工作？如果是，舉起無名指。」

5. 人們可能會立刻笑起來，這說明如果他們把中指的關節和其他手指貼在平面上，要想單單把無名指舉起來，實際上是極為困難的。

 遊戲討論

1. 這個遊戲說明瞭那些問題？

2. 你認為自己還有那方面的專業技能？

3. 測試題目稍作修改，即可適用於其他不同工作類型的群體。

4. 這個測試主要是增強學員的自信心。

2 遊戲名稱：要看到別人的優點

主旨：

正面的激勵總是讓人如沐春風，這些激勵讓我們瞭解到自己的優點，使我們變得更自信，也認識到自身在團隊中的重要性。如果每個人都很自信，那麼團隊絕對不會差到那裏去。

在這個遊戲中我們要說出彼此的優點。通過這種方式，你會發現你有很多優點原來自己並不瞭解，而別人卻看到了。

 遊戲開始

時間：35 分鐘

人數(形式)：2 人一組

 遊戲步驟

1. 將學員分成兩人一組。

2. 讓每個小組的成員分別就下面的三個方面說出對於對方的讚美：

⑴對方的相貌外形方面。

⑵對方的個人品質方面。

⑶對方的才能和技能方面。

3. 要求每個人的每個方面至少要有兩條。

4. 最後大家要分別說出他對搭檔的讚美。

遊戲討論

1. 這個遊戲是否也讓你很不舒服，坐立不安？

2. 我們怎樣才能更輕鬆地向對方提出我們的評價？

3. 我們怎樣才能更坦然地接受別人對我們的讚美？

4. 對於別人的評價不能毫無根據地瞎評價，這樣會讓對方覺得你在討好他，對他有所求。一定要抓好合適的時機，找準時機，找準對方的閃光點，誇獎那些他認為是優點，或者你幫他發掘他的優點，但注意一定要能自圓其說。

5. 給予或接受他人給予的讚美對於很多人來說都是一個新的嘗試，但是只有互相的欣賞才能讓彼此之間的交流更加流暢，俗語說，只有讓一個人感覺你喜歡他，他才能喜歡你。

6. 要學會以一個正確的態度來接受別人的讚美，要學會微笑地接受，但同時又要控制自己，不能將別人的讚美太當真。

3 遊戲名稱：你的激勵技巧

> **主旨：**
> 　　這個遊戲的目的是測驗管理者的激勵能力。測驗後是一場關於提高激勵能力方法的討論，可以幫助管理者加深印象，提高管理技能，測驗激勵技能。

 遊戲開始

　　時間：45 分鐘

　　人數(形式)：團體參與

　　材料準備：波斯坦管理者激勵能力調查表

　　場地：教室

 遊戲步驟

　　1.回答學員對這個測試可能提出的疑問，讓學員完成它。完成這個測試要花 10～15 分鐘的時間，讓學員給自己打分，後邊的表格將會得出一個總分，還會得到四種激勵能力的分數：

　　⑴管理回報。

　　⑵有效的溝通。

　　⑶有效的管理團隊。

　　⑷管理環境

　　除了這些之外，其他六種能力是：

⑸解決衝突。

⑹能力和職責匹配。

⑺合理配置資源。

⑻提供培訓和教育。

⑼讓工作人員面臨挑戰。

⑽垂范優秀的激勵。

2. 展開討論，講述這個分數說明了參與者應該得到怎樣的進一步訓練，以提高他們的技能。

 遊戲討論

1. 你認為自己那方面的激勵能力比較強？那些方面能有所改進。

2. 對這個測試的結果，你感到驚訝嗎？為什麼？

3. 你需要如何進一步來提高你的激勵能力？這些訓練會怎樣提高對別人的激勵？

4. 優秀的管理者也是優秀的自我監督者，作為管理者固然要監督和指導別人的行為，但是如果不時刻留心自己的行為和知識結構，將很難使被管理者服從和信任，因此也是該對管理檢驗一下的時候了。

在每項陳述的下面，請用筆畫上最合適你的反應選項。各種陳述項目，如下：

· 回報在維持好的績效方面幾乎沒有價值。（　　）

· 我歡迎別人的置疑。（　　）

· 辦公同事可以成為很大的激勵因素。（　　）

· 我努力向員工傳達未來清晰的前景。（　　）

· 當某個成員在某方面較弱時，我竭力忽視它。（　　）

· 我很少讓員工對我的主意提供反饋意見。（　　）

· 在工作場所很多地方，我都用顏色來激發效率。（　　）

- · 我的僱員相處如何不關我的事。（ ）
- · 怎樣把一群人變成一個團隊。（ ）
- · 我經常對表現出色的員工進行獎賞。（ ）
- · 我用人類工程學的原理來裝備我的工作現場。（ ）
- · 我經常感謝員工的貢獻。（ ）
- · 在團隊內，合作遠比競爭重要。（ ）
- · 我盡量讓員工參與決策的方方面面。（ ）
- · 我經常幫助我的團隊在關鍵問題上達成共識。（ ）
- · 公正地分配回報會有效果。（ ）
- · 我盡量激發我的員工好好表現。（ ）

4 遊戲名稱：氣球內的東西

主旨：

激勵對公司、工廠或對人來說，永遠都不會是一個過時的話題。激勵會使人變得自信，變得開朗，從而迸發出無窮的活力。身為主管，對你的下屬，應該毫不吝嗇的激勵他們。

 遊戲開始

時間：25 分鐘

人數（形式）：團體參與

遊戲步驟

1. 讓學員安靜並坐好，儘量採用讓他們舒服和放鬆的姿勢。

2. 培訓者給學員講述如下的故事：

氣球

　　一次，一個推銷員在紐約街頭推銷氣球。生意稍差時他就會放大一個氣球。當氣球在空中飄浮時，就有一群新顧客聚攏過來。這時他的生意又會好一陣子。他每次放的氣球都變換顏色，起初是白的，然後是紅的，接著是黃的。過了一會兒，一個黑人小男孩拉了一下他的衣袖，望著他，並問了一個有趣的問題：「先生，如果你放的是黑色氣球，會不會上升？」

　　氣球推銷員看了一下這個小孩，就以一種同情、智慧和理解的口吻說：「孩子，那是氣球內所裝的東西使它們上升的。」

　　恭喜這個孩子，他碰到一位肯給他的人生指引方向的推銷員：氣球內所裝的東西使它們上升。同樣，也是我們內在的東西使我們進步，關鍵在於你自己，你有權決定你的命運！

　　講完故事後，讓學員們就此故事展開討論，讓他們講講聽完這個故事後得到什麼啟發。

 ## 遊戲討論

1. 你覺得這個故事怎麼樣？

2. 從這個故事中，你得到什麼啟發？

3.你對「激勵」有什麼新認識？

4.這是一個很有寓意的故事。單看賣氣球的人對小男孩說的話，我們就可以受到莫大的啓發。和氣球一樣，一個人在工作中取得的地位和成果並不取決於他的外貌，而是他的內涵和能力這種內在的東西。作為員工，應該重視充實自己的內在價值，這樣才是長久平穩之計。

5 遊戲名稱：要成功先改變想法

主旨：
用夢來解釋現實，當然只是一個說故事的引子而已。積極的鼓勵，可以改變一個人的精神面貌，我們更重要的是要從中學會多方面、多角度地看問題，並自我暗示地進行自我激勵，把不利的因素變成有利的因素，另闢一條成功的路徑。

遊戲開始

時間：40 分鐘

人數(形式)：團體參與

遊戲話術

做夢後有沒有想過要知道夢的寓意呢？你肯定有過，有時還會幾天都回想夢的情景，有時會覺得是個好兆頭而暗喜不已，而有時會認

為是個壞兆頭而整天心神不寧。不管怎樣，夢終究是夢，好夢壞夢由它去吧。下面我們要看的一則短文就是有關夢的，讀起來可是饒有興趣呀，怎麼樣，我們來仔細領略其含義吧！

遊戲步驟

1. 讓學員們放鬆端坐。

2. 培訓者給學員講述如下的故事：

解夢

有位秀才第三次進京趕考，住在一個經常住的店裏。考試前兩天他做了三個夢：第一個夢是夢到自己在牆上種白菜；第二個夢是下雨天，他戴了斗笠還打傘；第三個夢是夢到跟心愛的表妹脫光了衣服躺在一起，但是背靠著背。這三個夢似乎有些深意，秀才第二天就趕緊找算命的解夢。

算命的一聽，連拍大腿說：「你還是回家吧，你想想，高牆上種菜不是白費勁嗎？戴斗笠打雨傘不是多此一舉嗎？跟表妹都脫光了躺在一張床上了，卻背靠背，不是沒戲嗎？」

秀才一聽，心灰意冷，回店收拾包袱準備回家。

店老闆非常奇怪，問：「不是明天才考試嗎，今天怎麼就回鄉了？」

秀才如此這般說了一番，店老闆樂了：「喲，我也會解夢的。我倒覺得，你這次一定要留下來。你想想，牆上種菜不是高種嗎？戴斗笠打傘不是說明你這次有備無患嗎？跟你表妹脫光背靠背躺在床上，不是說明你翻身的時候就要到了嗎？」

秀才一聽，這更有道理，於是精神振奮地參加考試，居然中了個探花。

3.講完故事後，讓學員們就此故事展開討論，讓他們講講聽完這個故事後得到什麼啓發。

 ## 遊戲討論

1. 你覺得這個故事怎麼樣？
2. 從這個故事中，你得到什麼啓發？
3. 你對「激勵」有什麼新認識？
4. 這是一個很有意思也很有寓意的故事。故事告訴我們：積極的人像太陽，照到那裏那裏亮；消極的人像月亮，初一十五不一樣。想決定我們的生活，有什麼樣的想法，就有什麼未來。
5. 引導學員瞭解這一層意思之後，可以鼓勵他們多想一些激勵的方法。這個環節本身就是一個激發學員的例子。讓學員們自己想一些激勵法也可以幫助他們加深記憶，以便將這種理念帶到工作中。

6 遊戲名稱：獎品清單

主旨：

本遊戲中使用一些小小的禮物，鼓勵學員踴躍發言，並且儘量使自己的發言既有深度又有廣度。通過物質或精神上的刺激達到想要的結果，這個，你可以很容易地做到！

遊戲開始

時間：45 分鐘

人數（形式）：團體參與

準備材料：玩具鈔票、撲克籌碼，一份獎品目錄。

 ## 遊戲步驟

1. 準備一些可以分發給大家當貨幣用的東西，如大富翁遊戲裏用的玩具鈔票，或者撲克籌碼，事先把紅、白、藍、黃各色籌碼所代表的價值確定下來。

2. 開列一份清單，把一些對與會人員而言具有潛在價值的獎勵列在上面。其中可以包括公司咖啡廳的禮品券，從免費咖啡到免費午餐不等，或者一個印有公司標誌的咖啡杯，或者一本與議題有關的書籍，或者想一些富有創意的獎勵辦法，例如與董事長在經理餐廳共進午餐，或者兩張免費戲票，或者免費打一次高爾夫球。要有創意！

3. 告訴與會人員你希望他們積極參與，再告訴他們會有那些獎品。

4. 如果與會人員按照你的要求去做了，則把玩具鈔票或撲克籌碼當場獎給他們。

5. 等這種種遊戲模式建立起來以後，你可以通過追加獎品或者為某種行為（如分析式反應與機械式反應）頒發團體獎（每人發幾元）的辦法來進一步鼓勵大家踴躍發言。

6. 會議結束時，給與會人員幾分鐘時間瀏覽一下他們的「所獲獎勵品清單」，告訴他們必須用有創意的想法或建議等來「購買」他們想要的東西。

7. 用 5 分鐘的時間說明遊戲規則，最後用 10～15 分鐘時間「出

售」獎品。

遊戲討論

1.「獎品」在多大程度上能刺激你發言的積極性？

2.獎勵制度有沒有使你分心？它對你學習以及鞏固所學的知識起了多大作用？

3.你的上司有沒有對你適時激勵？他採用的是什麼方式？你對這些激勵形式有什麼感覺？

4.管理者必須時刻牢記對員工的激勵，那怕這種激勵只是一個小小的手勢，或是一件微不足道的小禮品。

7 遊戲名稱：大型啦啦隊比賽

主旨：

這個遊戲適用於大型活動，能夠鼓舞團隊的士氣，使活動更加有聲有色，同時還可以開發參加者的才藝潛能，幫助他們發現不一樣的自己，以增強自信，提高工作積極性。

遊戲開始

時間：70 分鐘

人數（形式）：（用於大型會議活動）每組 40 人以上，要派出 10
　　　　　　　至 20 人為啦啦隊

材料準備：各種顏色的尼龍繩，每色兩捲

遊戲步驟

1. 每組派出 10～20 人組成啦啦隊。

2. 由組長編排舞蹈及台詞。

3. 各組啦啦隊表演自己組的舞蹈。

遊戲討論

1. 作為小組組員，你們是否想過啦啦隊是怎樣鼓舞現場氣氛的？你們組的行動是否按照這個主旨展開？

2. 作為組長，你是怎樣激起組員的積極性的？碰到不配合的組員，你是怎麼處理的？

3. 完成演出後，你們對於啦啦隊的認識是怎樣的？它的角色是否重要？

4. 在大型活動上演出不是一個輕鬆的任務，特別對於非專業的人員，讓他們表演就需要更有效的激勵法。如何激起參加者的情緒，如何發揮他們的專長，如何使他們互相配合等等，都是組織者應該面對的考驗，當真正演出時你就會發現，同樣是表演節目，如果你們的啦啦隊表現得別具特色，就會更加激勵你的隊員，讓他們更加熱情地投入。

5. 作為一個團隊，需要分工和協作。作為主管，要充分瞭解每個隊員的特長在那裏，儘量避免將人安排在不合適的位置上，這樣會影響隊員的情緒和演出效果。作為隊員也要積極配合主管的調遣，主動展示自己的特長，努力配合大家，充分展示自己。每個隊員的一點努力都會促進演出的順利完成。

6. 在演出的過程中，每組沒能參加演出的人都要熱情地為隊員加

油，讓同伴感受到團隊的存在，也可以幫他們增強自信，組長可以想出一些響亮又高昂的口號，既可以增強演出的氣勢，也能體現團隊的精神風貌，對演出有神奇的貢獻。

8 遊戲名稱：獎勵的效果

主旨：
希望好情況會繼續出現時，可以採用鼓勵的方式，這一點無論應用在工作還是家庭中都是非常實用的。

 遊戲開始

時間：5 分鐘

人數（形式）：團體參與

準備材料：準備好的強化刺激用的獎品（如罐頭、棒球帽、T 恤衫、貼紙、紙幣等）。

 遊戲步驟

1. 找出大家都想得到的獎品（例如雞尾酒會的免費飲料券等）。

2. 告訴大家他們是可以獲得這些獎勵的，說明獎勵機制，也可以在第一個值得獎勵的行為出現以後說明。

3. 在獎品上貼上速貼標籤，上面寫著：「成功來自於信念。」當與會人員聽到這一振奮人心的口號，看到自己由於行為得體而獲得獎

勵時，他們會喜歡上這個遊戲，並作出相應的反應。

4. 任何時候，只要有人提出了一個深刻的見解或者用一句幽默的話語打破了房間裏的沈悶氣氛，就獎勵此人一件獎品，這會促使其他人也加倍努力去贏得他們自己想要的獎勵品。

 ## 遊戲討論

1. 為什麼人們會積極參與？

2. 如果培訓師或會議主持人有一次扣發獎勵，會出現怎樣的後果？

3. 如果培訓師或會議主持人選擇了錯誤的獎品，會出現怎樣的後果？

4. 大家認為正強化還有什麼其他用途？

5. 獎勵可以是一句話，一個小小的紀念品，可以是一個微笑，或是一個讚許的點頭，不論那一種形式都能讓人精神為之一振。正面的獎勵總會給人帶來驚喜，這也是激勵常用的一種方式。

9 遊戲名稱：迪士尼公司如此做

主旨：

迪斯尼曾被看成是一個偉大企業。迪斯尼能夠起死回生，主要來源於迪士尼先生的獨特用人之道：激發員工靈感、以身作則、經常提醒別人。

 遊戲開始

時間：不限

人數（形式）：團體參與

 遊戲步驟

1. 銅鑼秀：是迪斯尼一直保留至今的活動。每週一次，所有的員工都會聚集到會議室，每個人都要提供建議，範圍和部門一律不限。

鼓勵大家儘管提出自己的想法，不要有所顧忌。公司提倡建設「大而無當，天馬行空，又有破壞性的會議」，就是要大家各抒己見，發生意見上的衝突，最後選擇最優秀的創意。這個方法很有效，如「小美人魚」和「風中奇緣」，都是在這樣七嘴八舌中誕生的。

2. 迪斯尼還有一個更加特殊的發揮員工創意的方法。在拍電影或電視節目之前，所有的參與人員，不管是老闆還是普通員工，都要求在同一個房間中待上 10～12 個小時，有時甚至是兩天。

大家在一起，吃穿都一樣，這真是個折磨人的過程。一開始大

家各執己見，爭論不休，最初的幾個小時好像完全是浪費，大家費了很大力氣卻離共識越來越遠。

漸漸地，大家慢慢變得又累又餓，互相卸下了面具。上下級之間早已沒有了界限，誰也不想再固執地讓別人接受自己的意見。

在最後的半小時，真的就有創意出來了，這種創意又往往是最好的也是最能被大家接受的。有時候必須累垮，讓精力消耗殆盡，原創性才會出來。

 ## 遊戲討論

1. 看了這些方法後，是否覺得很有學習的價值？

2. 在工作中是否遇到過類似的事情，你是怎麼應對的？

3. 迪斯尼公司鼓勵所有員工都能自由表達意見，整個公司的氣氛非常輕鬆。「不設限的討論會產生好的點子，並且可以改進這些點子，」艾斯納說，在艾斯納看來，自由的氣氛就像奔騰不息的江河，靈感和創意會滾滾而來。人在自由的環境裏更容易獲得自信，思路也會變得清晰，顧慮會減少，這都有助於創意的產生。

10 遊戲名稱：我的長期計劃

主旨：

這個遊戲是讓學員完成 10 年的個人和職業計劃，以便幫助自己做出決策，並對日常事務進行分析。可以發揮學員的最佳水準，設立和達到學員的個人目標；激勵員工發揮他們的最高水準，幫助別人渡過難關；激勵長期表現欠佳的員工。

 遊戲開始

時間：70 分鐘

人數：團體參與

準備材料：「十年計劃」的複印件

場地：教室

 遊戲步驟

1. 將「十年計劃」複印件分發給每個參與者，給他們 10～15 分鐘的時間填完這個表格。在表格簡短地列出未來 10 年的個人計劃和職業計劃。告訴他們可以保留這個表格，不必交上來。

十年計劃		
開始日期：		
年度	職業計劃	個人計劃
1		
2		
3		
4		
5		
6		
7		
8		
9		
10		

2. 當他們填完時，找一些志願者與大家分享他們的計劃，讓他們與大家分享填表過程中的所有驚喜，讓他們說這個計劃對日常的計劃有何幫助。考慮計劃長期起作用的方式。

例如：

· 將它附加在個人日曆表上，使你的工作不偏離軌道。

· 用它幫助日常決策。

· 用它預見前進中的問題。

 遊戲討論

1. 你的十年計劃的內容有那些？在寫下來之前，你對這些是否清楚？

2. 你應怎樣利用十年計劃來幫助你激發活力和減少壓力？

3. 根據人數多少來制定計劃內容，培訓者可以調整制訂計劃的時間，五年已經足夠了。如果學員非常年輕，可以讓他們制訂 20 年計劃。

4. 成功的人生是有規劃性的，從沒聽說過一個絲毫不為自己做計劃的人能有什麼大的成就。運用到工作中更是這樣，每一件工作都應該有計劃地被完成，否則會出現混亂和差錯。

5. 對自己負責任的人懂得為自己計劃，他們會按照這個計劃行事，也懂得按照實際情況變通，這些人在一段時間後會發現，與那些不做計劃的人相比，他們已經邁出一大步了。

╭─────────────────╮
│ **培訓小故事** │
╰─────────────────╯

　　羅特是美國一家制瓶廠的設計師。有一天，他的女友穿了一套膝蓋上面部份較窄，腰部顯得很有魅力的裙子來廠裏看他，一路上，人們頻頻回頭欣賞著這條裙子。

　　羅特也注意到這條裙子，他越看越覺得線條優美。他想，要是製成這條裙子形狀的瓶子也許銷路不錯。想到這裏，他馬上轉身跑回設計室，連聲「再見」也沒說。女友也感到奇怪，很不高興地獨自走了。

　　羅特回到設計室就在圖紙上畫了起來。後來，這種瓶子製造出來以後，不僅外形美觀，而且裏面的液體看起來比實際分量要多。沒過多久，美國可口可樂公司看中了這種瓶子，並且以 600 萬美元的高價購買了這項專利權。

培訓師講故事

有人問一位智者：「請問，怎樣才能成功呢？」

智者笑笑，遞給他一顆花生：「用力捏捏它。」

那人用力一捏，花生殼碎了，只留下花生仁。

「再搓搓它。」智者說。

那人又照著做了，紅色的皮被搓掉了，只留下白白的果實。

「再用手捏它。」智者說。

那人用力捏著，卻怎麼也沒法把它毀壞。

「再用手搓搓它。」智者說。

當然，什麼也搓不下來。

智者說：「雖然屢遭挫折，卻有一顆堅強的百折不撓的心，這就是成功的秘密。」

培訓師講故事

有一天某個農夫的一頭驢子，不小心掉進一口枯井裏，農夫絞盡腦汁想辦法救出驢子，但幾個小時過去了，驢子還在井裏痛苦地哀嚎著。

最後，這位農夫決定放棄，他想這頭驢子年紀大了，不值得大費週折去把它救出來，不過無論如何，這口井還是得填起來。於是農夫便請來左鄰右舍幫忙一起將井中的驢子埋了，以免除他的痛苦。

農夫的鄰居們人手一把鏟子，開始將泥土鏟進枯井中。當

這頭驢子瞭解到自己的處境時，剛開始哭得很淒慘。但出入意料的是，一會兒之後這頭驢子就安靜下來了。農夫好奇地探頭往井底一看，出現在眼前的景象令他大吃一驚：當鏟進井裏的泥土落在驢子的背部時，驢子的反應令人稱奇一它將泥土抖落在一旁，然後站到鏟進的泥上堆上面。

就這樣，驢子將大家鏟倒在它身上的泥土全數抖落在井底，然後再站上去。很快地，這只驢子便得意地上升到井口，然後在眾人驚訝的表情中快步地跑開了！

在生命的旅程中，有時候難免會陷入枯井裏，各式各樣的泥沙會傾倒在我們身上，而想要從這些枯井脫困的秘訣就是：將泥沙抖落掉，它們是一塊塊的墊腳石，然後站到上面去！

培訓師講故事

一位父親很為他的孩子苦惱。因為他的兒子已經十五六歲了，可是一點男子氣概都沒有。於是，父親去拜訪一位禪師，請他訓練自己的孩子。

禪師說：「你把孩子留在我這邊，三個月以後，我一定可以把他訓練成真正的男人。不過，這三個月裏面，你不可以來看他。」父親同意了。

三個月後，父親來接孩子。禪師安排孩子和一個空手道教練進行一場比賽，以展示這3個月的訓練成果。

教練一出手，孩子便應聲倒地。他站起來繼續迎接挑戰，但馬上又被打倒，他就又站起來……就這樣來來回回一共16次。

禪師問父親：「你覺得你孩子的表現夠不夠男子氣概？」

父親說：「我簡直羞愧死了！想不到我送他來這裏受訓三個

月，看到的結果是他這麼不經打，被人一打就倒。」

禪師說：「我很遺憾你只看到表面的勝負。你有沒有看到你兒子那種倒下去立刻又站起來的勇氣和毅力呢？這才是真正的男子氣概啊！」

培訓師講故事

古時候，有一個和尚決定要到南海去。但他身無分文況且路途遙遠，交通又極不方便。但他沒有被這些困難所困擾，他只有一個信念，我一定要到南海去。於是，他便沿途化緣，一步一步往南海的方向邁進。

路過一個村莊化緣時，他碰到一個比較有錢的人家。當看到這個和尚化緣時，有錢人便問他：「你化緣幹什麼？」

和尚堅定地回答：「我要去南海！」

有錢人不由哈哈大笑起來。「憑你也想到南海，我想到南海的念頭已經有好幾年了，但還一直沒有準備充分。像你這樣貧窮的人，還沒到南海，就是不累死也會餓死了。還是趁早找個寺廟安穩度日吧！」

和尚不為所動，固執地說：「我遲早一定要趕到南海。」

幾年以後，當和尚從南海返回的途中又到這個有錢人家裏化緣時，這個富人還在準備他的南海之行。

有志者，事竟成，缺乏坐言起行的精神，最後又往往把自己的失敗歸咎於命運的安排，他的庸碌無為也只能是「命」中註定的了。

第 十 二 章

領導能力培訓遊戲

1 遊戲名稱：主管的授權方式

主旨：

每個企業要堅持人才是資源而不是成本，尤其是對高素質人才的管理者，要有效授權並放手讓其做事。

本遊戲給學員分配不同的角色，讓他們在扮演各個角色時學會授權，培養他們的領導能力。

 遊戲開始

時間：45 分鐘

人數(形式)：不限(8 人一組為最佳)

材料準備：眼罩 4 個，20 米長的繩子一條

遊戲話術

獨裁領導在今天的組織中毫無立足之地。能否介紹一下你是怎樣設計和經營公司的？

企業早期學習授權藝術是很重要的。如果不授權，領導人就沒有時間完成其他工作任務。我們要做的遊戲，就是要在大家中間選出一位總經理，然後總經理可以任命一位總經理秘書，一位部門經理，一位部門經理秘書和四位操作人員，把所有遊戲活動的內容逐級向下傳達，最後由四位操作人員執行。我們要求高績效企業都要具有以下特點：遠見卓識的領導、富有創業精神、高度的責任感、講求程度和靈活性。你們的企業具有那些特點？領導人都應具備上述大多數特點，而且速度要勝過其他公司。

遊戲步驟

1. 培訓師選出一位總經理、一位總經理秘書、一位部門經理，一位部門經理秘書，四位操作人員。

2. 培訓師把總經理及總經理秘書帶到他們看不見的角落，然後向他說明遊戲規則：

⑴總經理要讓秘書給部門經理傳達一項任務。該任務就是由操作人員在戴著眼罩的情況下，把一條 20 米長的繩子做成一個正方形，繩子要用盡。

⑵全過程不得直接指揮，一定是通過秘書將指令傳給部門經理，由部門經理指揮操作人員完成任務。

⑶部門經理有不明白的地方也可以通過自己的秘書請示總經理。

⑷部門經理在指揮的過程中要與操作人員保持 5 米以上的距離。

課後閱讀材料：

高層領導者是否須親自與第一線部屬接觸才可解決問題？

如果這種管理風格成為常態，就陷入了某種誤解。總經理即企業的導航者，工作相當廣泛，因此，不可能每件事務都得親自處理。從時間管理上看，佔用專業經理人較多時間的重點工作可歸納為四項：

一、自我管理：此部份應佔用專業經理人大半時間，其中，自我反省是最重要的功課。懂得反省才能看清盲點，避免一再犯錯。

二、尋求支援：企業的經營績效，包含利潤、業績、生產力等績效，專業經理人必須對上層董事會負責。因此，有關企業的經營策略、營運方針等必須說服董事會認可，才能取得財務資源與相關協助。

三、開創資源：企業經營層面，包括上游供應商、下游重要客戶、平行的競爭企業及其他相關產業如銀行等各方面關係和屬於企業經營資源，這方面專業經理人負有開創及維繫的職責。

四、激勵士氣？從企業內部的領導統禦來看，專業經理人最主要的工作在於溝通、協調並激勵組織成員達成目標。

事實上，一個成功的專業經理人不應花太多時間在溝通、協調上，否則，有必要檢討企業內部運作是否正常。由專業經理人直接督導基層部屬，若是基於管理心理或其他政治目的則另當別論，但如果為管理上的常態，則反映出幾個問題：

一、授權不足：專業經理人無法忍受部屬犯錯，常在不自覺中喜好掌控大小事情，因為唯有如此，才有安全感。

二、中間主管缺乏解決問題能力：基於專業經理人不願放手，中間主管在多一事不如少一事的心態下，樂於奉命行事。日久天長，這些主管將逐漸喪失解決問題能力，更談不上獨擋一面的領導能力。

三、組織層級太多：受到組織層級的限制，加上沒有快速溝通的管道，層層上報的結果只能是作業績效差，下情無法上達。

四、彼德原理？你的下屬主管時常升遷到不適任的位置，這也意味經理人未提升管理能力，仍停留在過去擔任中間主管的領導風格中。

在新管理觀念中，「事必躬親」已不符合時代潮流，專業經理人應將正常執行的工作儘量放手讓部屬去執行，並制訂一個可以忍受的出錯空間，只要不影響大局或造成重大損失，何妨讓部屬從錯誤累積經驗？犯錯所造成的損失，就當作培育人才的學費。

 ## 遊戲討論

1. 作為操作人員，你會怎樣評價你的這位主管經理？如果是你，你會怎樣來分派任務？

2. 作為部門經理，你對總經理的看法如何？

3. 作為總經理，你對這項任務的感覺如何？你認為那方面是可以改善的？

4. 當你在「授權」的過程中出現錯誤的時候，你有什麼感覺？你覺得有那些壓力呢？

5. 當你驕傲地、不顧一切地向部屬發號施令的時候，你有什麼感覺？這些命令如果是錯誤的，你又有什麼感覺？你想過找出彌補的措施嗎？如果是你的話，你認為最佳的途徑是什麼呢？

6. 對於具有責任的人來說，他一定會找到處理錯誤命令的辦法，當你明知道你的老闆的命令是錯誤的時候，你該怎麼辦呢？

7. 在這個遊戲中經理一定要表述清楚授權的內容，而秘書要認真聽完老闆的命令。作為秘書，你什麼時候真正聽完了經理的授權，才將命令傳達下去？為什麼總是經常搶先？這對以後的執行產生什麼

影響？

8.這個遊戲那些方面與平時工作的真實經歷有相似之處？在這個遊戲中，你對自己增加了那些新的認識？你如何把這些技巧應用到以後的工作之中？

2 遊戲名稱：打造領袖的魅力

主旨：

身為領導者，要具有獨特的個人魅力，讓下屬服從自己領導的一個重要因素。本則遊戲旨在培養主管的管理技巧，讓他們逐步形成自己的領袖風格，使其在工作中充分發揮自己的個人風格，更有效的開展各項工作。

 遊戲開始

時間：80分鐘

人數（形式）：團體參與

材料準備：發放歷史上深受眾人矚目的領袖人物的畫像，每張畫像旁邊貼一張空白的題板紙，給每個學員發一份表格（見發放材料）、兩張投票用的小紙條。每個成員要有一隻筆。

 遊戲步驟

1.把材料中的表格發給學員。針對表格中的每個問題，從掛在牆

上的主管中選出一個相匹配的主管，同一個主管可以選擇一次以上。
填完表格後，請他們舉手。

2. 讓學員說一下他們選擇這個主管的理由，把原因記在畫像旁邊
的題板紙上。

3. 讓他們互相看看其他人選擇的是那個主管。大聲地念出每個問
題，讓學員站在他們選的主管的畫像下面。

4. 對於每個問題都重覆一次這個過程。

5. 讓學員重新坐好。選出學員選得最多的兩三個畫像。

6. 讓小組回顧一下寫在那些主管旁邊的題板紙上的意見，並提出
那些主管最有可能說的關於管理本質的典型語錄。

 遊戲討論

1. 是否有那些主管被選出來，令大家感到很奇怪了嗎？

2. 有那個主管總是被選的對象嗎？如果有，你認為為什麼會這樣
呢？如果沒有，是不是每一個主管都具有一些共同的特徵呢？在選擇
一個主管時，是不是這些共性的特徵常被提及呢？

3. 你對不同的領導風格或管理風格有什麼高見嗎？

4. 作為一個主管和作為一個管理者有什麼不同？

5. 對於你自己的風格和偏好，你自己審視過嗎？

6. 如果你的部屬站在你的畫像下面，他們看重你的什麼特徵？在
什麼情況下，他們會選擇其他主管？

7. 有趣的要點：什麼障礙（內部的和外部的）會阻礙你成為你想
成為的那個類型的主管？

8. 基於這點思考，在今後的工作中，你採取那些不同的做法？

9. 作為主管，最有效的管理者往往善於調整自己的領導風格，使
之適應員工和具體情況的需要。

附：發放材料

下列一些處在首位的領導者，這些名字可能都是你們耳熟能詳的。

從下面列出的處在首位的領導名單中，根據下面的每一個問題選擇一個領導者。你對領導的選擇，必須基於你自己對該領導的特徵、技巧和領導風格的感覺。

「處在首位的領導者」有亞伯拉罕‧ 林肯、瓊‧ 阿切爾、埃莉諾‧ 羅斯福、比爾‧ 蓋茨。

1. 在你的工作中，那個領導者可能是最有效的溝通者？

_____

2. 在你的工作中，那個領導者可能有效地解決問題的人？

_____

3. 在你的工作中，那個領導者可能是最有效解決問題的人？

_____

4. 在危機中，你會信任那個領導者？

_____

5. 那個領導者會對你的工作業績有積極的評價？

_____

6. 那個領導者最適合做你的上級監管者？

_____

7. 作為一個主管，那個領導的風格與你自己的風格最相似？

_____

3 遊戲名稱：給予員工讚賞

主旨：
　　有效的管理人員應該非常關注如何給予員工恰當的讚賞和肯定的反饋。在這個遊戲中，培訓學員開始練習重新構建視角，尋找好的方面，並練習給予真心的讚揚。

 遊戲開始

時間：80分鐘

人數（形式）：團體參與

材料準備：為小組一半成員準備的獵頭工作表（見發放材料）

 遊戲話術

　　有多少人認為你的老闆會在高層管理會議上對你讚不絕口？（很少或根本沒有人舉手時，你做出驚訝的表情。）

　　沒有人？你們的意思是說，絕大多數管理者並不對員工的貢獻表示讚許嗎？（這句話一點兒也不幽默，但它卻會帶來笑聲，這是因為它微妙地觸動了今天絕大多數員工心中強烈的情感，當他們被要求說出在工作中最想得到的東西時，他們通常首選得到讚許，而不是錢！這一點正是這個遊戲的主要議題。）

　　噢，是的……我也曾經有過一個那樣的老闆，有一次，他給了我一個很糟的評價，結果我不僅沒得到加薪，反而被扣掉了三個月的

薪水！每個人都痛恨那樣的傢夥，如果殺人不犯法的話，我簡直想殺了他！

研究表明，獲得最可惡管理獎的最好就是破壞或是忽視你的員工的貢獻。事實上，即使是以自我為中心的人當他們從領導處得到讚許時，他們也會把工作做得更好。

那，你說什麽──想要你的員工最大限度地發揮他們的才能嗎？我想你們會做到這一點的……讓我們開始吧！

 ## 遊戲步驟

1. 培訓師將學員都集中起來，將他們平均分成人數相等的兩組，讓他們分別坐成一個同心圓。

2. 讓外圈的學員與內圈的學員一一對應起來，以便每個人都能夠找到自己的搭檔。

3. 發給外圈的學員每人一份「我有創意工作表」，並讓他們看看上面的說明。

4. 培訓師告知內圈的學員：

你們是一家「我有創意」廣告代理公司智囊團的成員。你們代理公司的總裁交給你們一個任務，創造一個產品，它能以某種方式使世界變得更好。你們的產品可以任意大小，任意的價格或者是任意的用處。你們的工作是作為小組成員之一參與提出：(1)產品；(2)時髦的名字；(3)廣告詞。

作為具有創造力的人，你們每個人很自然地會有代理人，他們通過你們的能力，並且不斷把這些資訊與其他公司進行交流，從而獲得大量傭金。而那些公司正想通過更高的薪水把你們挖走，這就是這些代理的工作。現在，你們就開始提出這個傑出的廣告計劃吧，你們總共有 20 分鐘時間。好，開始！

5.當智囊團確切地闡述了他們的廣告創意之後，讓所有人重新組成一個大圈，讓那幾個天才伯樂和創造者肩並肩挨著坐。給每個天才伯樂三分鐘時間，請他們誇獎一下他們的客戶的天分。（提示：代理人在誇讚他們的客戶時，應該好像真正地面對很多競爭者一樣把他推薦出去。）

 ## 遊戲討論

1. 對內圈的學員：

⑴你參與的內圈活動是在你工作中的典型情況嗎？如果是，為什麼？如果不是，為什麼？

⑵聽到你的代理人對你的評價，你有什麼感覺？評價中是否有什麼讓你驚奇的？

2. 對外圈的學員：

只注重某個人的能力，有什麼感覺？你在使用褒義的詞語重新表達一個人的行為特點時，遇到了什麼困難嗎？

3. 對所有的學員：

⑴要點：舍尼奇·蘇茲克（Shinichi Suzuki）通過展示三歲的孩子就能演奏莫札特的曲子，使全世界都震驚了，他創造這個奇蹟主要依賴於對這些小孩的讚賞和肯定，蘇茲克相信，人們有追求完美的本能——掌握我們工作的一部份是不夠的，而是要掌握它們的全部。這說明管理者在鼓勵這種動機方面起到至關重要的作用。這就提示：一個對任何工作都沒有表示過讚許的管理者，是最先需要改進的，他應從自身找問題。如果你的管理者對你的行為像本遊戲中的天才伯樂一樣，特別注重你的能力，你會怎麼工作？這會怎樣影響你與管理者的關係及你對自己能力的信心？

⑵需要怎樣做，才能辨別不同員工的不同能力？

⑶如果你抛棄你的一貫做法，在正常的基礎上，給予員工肯定的反饋，你覺得員工會有什麼反應呢？

⑷為了做到這一點，你有什麼顧慮需要克服嗎？

（可能的回答：我不能只給他們肯定的反饋，有時我不得指出錯誤，以確保它們不再發生。）

培訓師的回覆：很正確——我們的員工並不是在彈鋼琴或小提琴，而是在完成某項任務，而在這個過程中，任何錯誤的代價都可能是非常昂貴的，甚至會導致災難性的失敗。

讓大家討論一下，對他們的員工來說，什麼樣的讚揚和批評比例是比較合適的。另一個可能什麼也做不成！

培訓師的回覆：很多時候，肯定的反饋就是當你走過某個員工的桌子時，簡單地說一句「漂亮的工作！」

另外一個可能的回答：如果我不斷說「漂亮的工作，漂亮的工作……」，我聽起來像不像一個騙子？

培訓師的回覆是：只有當他們正在做的工作確實很糟糕時，你這麼說，他們才會那麼覺得！

遊戲名稱：火星殺手

> **主旨：**
> 領導力是指能夠激發團隊成員的熱情與想像力，並且能夠與你一起全力以赴去完成企業成長目標的能力。企業要給每個員工充分鍛鍊和發揮自己才華的機會。

 ## 遊戲開始

時間：70 分鐘

人數（形式）：不限

 ## 遊戲話術

如果你是「Spirit」開發組的成員，請注意：你在本遊戲中的角色將是一名非常敬業的、具有創造性的公司成員。你和你所在的部門合作得非常愉快，過去曾經為你們公司創造出驚人的業績，而且你對你處理今天項目的能力滿懷信心。如果你是 Sharp 監察組的成員，那麼你也是一名敬業的監察員。你喜歡並信任被你所監督的開發組的成員。你的工作就是提出實用的建議並且將領導們做出的決定通知開發組。如果你是公司的一名總裁，你的工作就是對不斷變化的市場做出反應，以保持本公司的靈活性和競爭力。這意味著，你和其他領導人不得不很快做出艱難的決定，經常對最新出現的情況做出反應。

正如大家所知道的，我們的企業正處於困難時期，非常艱難。我

們主要的競爭對手——A 玩具公司，通過它的新遊戲「火星殺手」正逐漸趕上我們。你們今天的任務是開發出我們下一代具有突破性的遊戲。一個能夠打敗 A 玩具公司的遊戲。

我們需要儘快把這個新遊戲推向市場。我確信，不需要我重申，這對於我們保持行業的領先地位是多麼重要了。如果我們沒有獲得重大成功，不久我們將不得不裁員。而且，我們不得不終止公司的部份業務。

我們的研發部已經確定下來我們下一代最受歡迎的遊戲需要的材料。我們都放在這張桌子上。首先，我想介紹一下屋裏的各組。我們有天才的 Spirit 開發組，他們會在接下來的 15 分鐘內，為我們設計出新一代遊戲，至少部份的使用，最後是全部的使用桌子上的資料。我們還有勤勤懇懇的 Sharp 監察組，他們會給開發組提供指導和幫助。最後，我們很榮幸地請到了公司最有遠見的領導人物，他們會給大家提供一些策略性的方向指導。

Spirit 開發組的工作是開發出一個吸引人的遊戲，並為之命名。正如平時一樣，如果他們也同時提出了銷售這個遊戲的廣告詞，那他們可以獲得獎勵分數。並且，他們需要把這些想法呈交給 Sharp 監察組和我們的公司首腦。

我們只有 15 分鐘時間開發這個遊戲及廣告詞。但是我相信你們都具有很強的創造力，在緊急時刻為公司創造最佳賣點是不成問題的。現在 Spirit 開發組就開始工作吧。並且請 Sharp 監察組開始監督他們的工作過程，提出你們認為恰當的建議。同時，我會與公司的首腦就此事談一談。

 遊戲步驟

1. 各種各樣的小東西：大小不一的紙張、雙面膠、透明膠帶、硬

幣、剪子、紙牌、磁帶、布塊

　2.三張資訊卡片：

　①市場部門剛剛決定，為了使我們的產品銷售得更好，它的顧客群必須特別定位於 14～18 歲的男孩或女孩。你們現在有五分鐘的時間，決定最終定位於那個性別。五分鐘之後，你們與監察員們會面，告訴他們你們的決定。告訴監察員們，他們現在的工作是：對於產品將要針對的那個年齡階段的人的興趣，做出他們自己的決定；把這些決定通知開發組。他們總共有五分鐘的時間做出決定，並將新決定通知開發組。

　②公司在經過全面的財務分析後，會計部決定你們需要消減 50% 的成本。你們現在有五分鐘的時間確定如何降低成本？解僱員工或者是減少產品的成本——也就是減少產品的用料量。如果你有更好的辦法，請告訴監察員：他們的任務是具體確定如何執行你們的決定。

　③現在通知一個令人震驚的消息：我們主要的競爭對手——A 玩具公司，通過他的新新產品「火星殺手」正在吞併我們打造的市場佔有率。這個「火星殺手」使用的是和你們的新遊戲非常類似的材料！市場認為，你們的遊戲必須取一個時髦的名字以吸引顧客。通知監察員你們的決定，並告訴他們：他們的任務是提出一種能幫助開發部使產品適應新名稱的方法。

　3.兩個記時器。

　4.將學員分成三組分別是：開發組、監察組、首腦。

　5.把所有材料交給開發組，並告訴他們可以開始開發他們的產品了。

　6.把首腦們帶到小隔間，並將第一張資訊卡片大聲的念給他們聽。念完之後，關於產品定位於那個性別，他們有五分鐘的時間作出決定。然後，他們要與監察員們交流他們的決定。啓動記時器，把資

訊卡片留給他們，然後走開。

7. 當記時器的時間到點時，要求監察員立即進入房間，打斷他們的談話，要求首腦們告訴他們自己的決定。

8. 監察員們現在有兩項任務；關於這個產品的顧客群定位於那個具體的年齡階段，做出自己的決定；把這些最新的決定提供給開發組。他們一共有五分鐘的時間完成這兩項任務。啓動記時器，然後離開。

9. 你(培訓師)回到首腦所在的隔間，交給他們第二張資訊卡片。啓動記時器，計時五分鐘。五分鐘之後，他們必須與監察員們交流他們新的決定。

10. 監察員們現在利用兩分鐘的時間做出一個決定，然後把最新的決定告訴開發組。

11. 回到首腦那裏，交給他們第三張資訊卡片，啓動記時器，三分鐘以後他們必須與監察員們交流他們的新決定。

12. 15 分鐘以後，叫停結束。請開發組為首腦們和監察員們描述或者展示一下自己的產品。如果他們創作了廣告詞，也請他們讀出來。帶頭鼓掌，並感謝所有參加遊戲的學員。

 ## 遊戲討論

1. 很緊的時間限制，是如何影響人們的感情適應性、社交技巧以及思考能力的？對於不同的人，這種影響是不同的嗎？

2. 這個活動與你在現實生活中應對變化的經歷有什麼相似？這個遊戲是如何模仿你們的組織進行方向性變化的和交流的？

3. 變化的過程常常會使得大家覺得「變化太大了」、「不穩定」、「懸浮空中」。你的策略還沒有經過檢驗，他們的結果還不清楚，你正處於不知所措的情況中。在這個過程中你是否會覺得不舒服？

4.在活動開始時，你有什麼想法或者感受？在遊戲結束時呢？為什麼你的想法和感受改變了呢？

5.隨著這個活動的進行，你的小組有什麼變化？小組這種動態的變化是如何產生的？

6.不斷的變化對你們正在開發的遊戲有什麼影響？你們最終得到一個成功的遊戲了嗎？

7.什麼資訊確實給開發組帶來了幫助？對監察員們呢？對首腦們呢？

8.你對自己有什麼觀察和瞭解？你是如何應對這個活動中的不斷變化和挑戰的？這與你在現實生活中處理變化的方式有什麼不同或者相同之處嗎？

9.你個人能在工作中立即採取什麼不同的做法，以幫助你自己和他人來應對這種突發的方向性變化？

5 遊戲名稱：空難不死的逃生術

> **主旨：**
> 　面臨危機採取緊急的處理措施，是主管必須鍛鍊的項目，本遊戲教導學員如何在困難中，有責任感的解決企業難題。

 ## 遊戲開始

時間：50 分鐘

人數（形式）：不限

遊戲準備：本遊戲對場景佈置要求很高。需要類似飛機的佈景。

 ## 遊戲話術

　　我們每個人都在祈求平安。但天有不測風雲，人有旦禍夕福。一旦災禍降臨到你頭上，在濃煙毒氣和烈焰包圍下，不少人將葬身火海，但也有人能夠死裏逃生，倖免於難。其實空難並不可怕，只要有妥當的逃生計劃和組織安排能力，你就一定能夠死裏逃生。不要害怕，我們只是在做一次演習，更確切的說是在做一個遊戲，不過，需要大家的配合以及你們頭兒的領導。現在請各位乘客坐到你們的位子上，飛機就要起飛了。

 ## 遊戲步驟

　　1. 培訓師將學員至少分成兩組，每組選出一個領航員，其餘的學

員擔任乘客。（領航員也可以在下輪遊戲中由其他學員擔任。）

2. 培訓師讓大家類比空中情況按照座位坐好，然後，宣佈飛機起飛。（例如：本次航班是 Axion 公司由上海飛往巴黎的航班，本次航班有旅客 320 人，機組人員 15 人。）並宣佈飛機運行正常。

3. 一分鐘以後，由領航員向大家宣佈飛機場發生緊急狀況，飛機必須臨時降落。（擔任領航員的學員可以自己想像故事情節。）所有的旅客不得不全部疏散，離開飛機。

4. 由領航員向旅客講述逃生的技巧（必須），並且佈置、安排疏散乘客。

5. 用最少時間疏散的小組為勝。

 遊戲討論

1. 你的小組是怎樣疏散人員的？你們的方法和其他的小組相比較是不是有自己的特色？

2. 你們的領航員幹得怎樣？你們認為他需要改進那些方面？你能全面評價你們的領航員嗎？

3. 領航員在遇到不聽話的乘客時是怎樣處理的？你認為他的處理方法是否恰當？

4. 你在觀看完其他小組的表演以後，有什麼感想？是不是認為它山之石，可以攻玉？

5. 當你發現你的辦法被其他小組模仿的時候，你是怎樣想的，是不是有一種成就感？

6. 現在你明白溝通、協調在關鍵時刻發揮什麼樣的作用嗎？

6 遊戲名稱：矇眼踩氣球

主旨：

主管是教師、教練，更是衝突的調解人和一致意見的促成者。

主管在影響別人的能力方面，最重要的是要能激勵員工行動起來創造出優秀的成績；其次是能善於傾聽別人的意見，有效地與下屬溝通。他還要能夠鼓勵別人接受公司的共同目標和價值觀。

本遊戲讓學員扮演教練的角色，在現場指揮隊員作戰，遊戲非常具有娛樂性。

 ## 遊戲開始

時間：40 分鐘

人數（形式）：不限（分組進行）

遊戲準備：矇眼布條、氣球若干、空場地

 ## 遊戲話術

「你們鬥毆嗎？（學員面面相覷）那大家見過鬥毆嗎？也許你們沒有親眼見過，可是在電視片上也看見過吧？」

「為什麼我談到鬥毆呢？該不會是讓我們去鬥毆、打群架吧？是的，今天我要你們拿出勇氣，同仇敵愾向敵人發動攻擊的同時保護自己。言歸正傳，我們今天培訓的目的在於要求你們的教練提供一種簡單易行、費用較低的解決方案，同時要隨機應變，把握場上的局勢。」

遊戲步驟

1. 培訓師將學員分成兩大組，然後每組選出一名教練指揮。

2. 在每個大組裏讓學員兩兩結合。

3. 兩人各出一條腿，捆在一起。

4. 在他們的腳上各綁上五個氣球。

5. 學員要矇住雙眼，聽從教練的指揮進攻。

6. 由教練告訴兩組的學員相互進攻，去踩破對方的氣球。

7. 那一組踩的氣球最多而自己一方被踩破的氣球最少，就取得了勝利。

 遊戲討論

1. 你和你的搭檔配合得怎麼樣？你們在遊戲的過程中是不是也顧及到了對方？

2. 你們在戰場上的表現如何？

3. 教練是不是發揮了很大的作用？他的指揮得力嗎？

4. 當有人首先向你發出攻擊的時候，你是怎麼應對的？

5. 你覺得在通常情況下，你會主動向他人進攻嗎？你是否是防衛意識很強的人？

6. 這個遊戲對你在工作中有什麼啓發？

7 遊戲名稱：將球踢入門

> **主旨：**
> 　經理人員的培訓，要格外留意他是否有與下屬的溝通能力。優秀的企業高度重視團隊建設與員工培訓，讓員工有機會學習和成長，增強責任感，並激發工作熱情。

 ## 遊戲開始

　時間：40 分鐘

　人數(形式)：6 人一個小組

　材料準備：每組一個球門及一個足球，在空地進行踢球入門的競
　　　　　　賽

 ## 遊戲話術

　「有多少人曾經踢足球？」(培訓師請大家舉手示意。)

　「好的，有誰踢進過球？你們有什麼好的經驗嗎？」(讓大家交流一下他們的「豐功偉業」，這兩分鐘必定會帶來很多精彩的故事，或者至少能帶給學員一個非常輕鬆愉快的心境。)

　「如果你曾經射進過球，那你肯定知道射門的角度、射門球與球門的距離是很關鍵的要素。在射門時，你不得不考慮與同伴的配合以及挑選最佳角度射門。其實，射門是不太容易的，即使是踢點球時射進球也是很不容易的。據一位心理學家說，球員在踢點球時的心理壓

力要比守門員大。不過，踢點球是一件非常刺激的事情。你們想試試嗎？」

遊戲步驟

1. 培訓師把球門及足球發給各小組。每組挑出一個隊長，隊長是全隊的核心，任何與比賽有關的事必須都由隊長傳達。

2. 由隊長介紹遊戲規則：隊員之間必須傳球超過兩次以上才能射門；球門與射球的地方相距 8 米左右。

3. 而後給小組十分鐘的練習時間，練習時隊長應發揮其作用。

4. 之後開始比賽。

5. 每組要踢十個球，每人至少要有一次的踢球機會。

6. 進球最多的小組為勝組。

遊戲討論

1. 你們小組是否具有這方面的技巧？如果有成員在這方面比其他成員更有優勢，那麼這些成員怎樣教其他人也具備這方面的技巧？

2. 不會踢球的組員們，你們當時怎樣想？自己用什麼方法來完成任務？是否有學習的慾望？向其他組員學習有沒有障礙？這些障礙是來自那裏？

3. 你們是不是也從幫助他人中得到樂趣？

4. 如果你是隊長，你是怎樣與隊友溝通的？你能評價他們在遊戲過程中的表現嗎？

8 遊戲名稱：自我評價遊戲

主旨：
　　培養學員具有正確的進行自我評價、對他人評價的能力，透過此遊戲，學員可充分認識到自身的不足之處，以便加以改善，達到提高工作效率的目的。

 遊戲開始

時間：25 分鐘

人數（形式）：團體參與

材料準備：事先準備的問題，最好準備一份印好的評估表。

 遊戲步驟

請培訓學員根據下列方式來打分：

1. 請大家按 5 分制給自己評分，可以從以下幾個方面：身體智力、行為等。例如：外貌的吸引力，內在的智慧，舉止的優雅程度，最佳給 5 分，最差給 1 分。

2. 然後大家用同樣的方法和評判標準來評判一個典型人物，可以是團隊中的一員，也可以是公司其他成員。

3. 在每次評估前提醒學員，中間分（2.5 分）代表平均水　。

4. 將自我評定的資料收集起來並計算出平均值。然後將「典型人物」的評估資料也收集上來計算其平均分數。

遊戲討論

1. 你認為在自我評定和給他人進行評定的平均值間,那個值會更高些?(可能他的回答將是:兩者很相近,或自我評定的平均分更高)為什麼你會這樣認為?

2. 這個現象對人們評估自己的表現方面會有什麼影響?在評估教育或課程的有效傳達時會有什麼影響?

3. 我們可以從那些方面來增強這類評估的客觀性?

4. 大多數人認為自己高於平均水 。

5. 培訓師向學員指出如果大家都使用同樣的衡量標準,那 從教學上來說多數人都不可能高於平均水 。

6. 為了增強這類評估的客觀性,可以將第三方的評估資料作為附錄,強制使用規範的分佈體系進行評估。

培訓師講故事

愛迪生、斯旺以及許多科學家在同一時期研究電燈,當時電燈的原理已經很清楚了——要把一根通電後發光的材料放在真空的玻璃泡裏,人們在解決一些具體問題——如何讓它更輕便、成本更低廉、照明時間更長。其中最主要的問題,也是競爭的焦點,在於燈絲的壽命。

愛迪生全力以赴地投入了這項研究,有位記者對他說:「如果你真的讓電燈取代了煤氣燈,那可要發大財了。」愛迪生說:「我的目的倒不在於賺錢,我只想跟別人爭個先後,我已經讓他們搶先開始研究了,現在我必須追上他們,我相信會的。」

　　在當時，愛迪生已經聲名赫赫，他僅僅宣佈可以把電流分散到千家萬戶，就導致煤氣股票暴跌了 12%。他本人是冷靜的，在設想成為現實之前，他要像小時候在火車上做實驗一樣踏踏實實地幹。他已經是一個改進了電話、發明了留聲機、創造了不計其數的小奇蹟的著名「魔術師」，但他是這樣的人──一旦取得了成果，就把它忘掉，撲向下一個。用來做燈絲的材料，他嘗試過炭化的紙、玉米、棉線、木材、稻草、麻繩、馬鬃、鬍子、頭髮等纖維，還有鋁和鉑等金屬，總共 1600 多種。

　　那段時間，全世界都在等著他的電燈。經過一年多的艱苦研究，他找到了能夠持續發光 45 小時的燈絲。在 45 個小時中，他和他的助手們神魂顛倒地盯著這盞燈，直到燈絲燒斷，接著他又不滿足了：「如果它能堅持 45 個小時，再過些日子我就要讓它燒 100 個小時。」

　　兩個月後，燈絲的壽命達到了 170 小時。《先驅報》整版報導他的成果，用盡溢美之辭。大街上響徹這樣的歡呼：「愛迪生萬歲！」然而，愛迪生用這樣的講演使人們再次驚訝：「大家稱讚我的發明是一種偉大的成功，其實它還在研究中，只要它的壽命沒有達到 600 小時，就不算成功。」

　　那以後，他在源源不斷送來的祝賀信、電報和禮物中，在鋪天蓋地的新聞中，默默地改進著燈泡，向 600 小時邁進，結果，他的樣燈的壽命卻達到了 1589 小時。

培訓師講故事

　　一個年輕的獵人帶著充足的彈藥、擦得錚亮的獵槍去尋找獵物。雖然老獵手們都勸他在出門之前把彈藥裝在槍筒裏，他還是帶著空槍走了。

　　「廢話！」他嚷道，「我到達那裏需要一個鐘頭，那怕我要裝 100 回子彈，也有的是時間。」

　　變化不會等你做好準備才發生。他還沒有走過開墾地，就發現一大群野鴨浮在水面上。以往在這種情景下，獵人們一槍就能打中六七隻，毫無疑問，夠他們吃上一個禮拜的。他就匆匆忙忙地裝著子彈，此時野鴨發出一聲嗚叫，一齊飛了起來，很快就飛得無影無蹤了。

　　他徒然穿過曲折狹窄的小徑，在樹林裏奔跑搜索，樹林是個荒涼的地方，他連一隻麻雀也沒有見到，獵人拖著疲乏的腳步回家去了。

培訓師講故事

　　有一位醫生到母校去進修，上課的正是一位原先教過他的教授。教授沒有認出他來。他的學生太多了，何況畢業已整整 10 年了。

　　第一堂課，講授用了半堂課的時間，給學生們講了一個故事。可是，這個故事醫生當年就聽過。

　　有個小男孩，家裏很窮，可是小男孩患了一種病，醫了很多地方，也不見效，為醫病花掉了家裏所有的積蓄，後來聽說有個郎中能治，母親便背著男孩前往。可是這個郎中的藥錢很貴，母親只得上山砍柴賣錢為孩子治病。一包草藥煎了又煎，一直味淡了才扔掉。

　　可是，小男孩發現，藥渣全部倒在路口上，被許多人踏著。小男孩問母親，為什麼把藥渣倒在路上？母親小聲告訴他：「別人踩了你的藥渣，就把病氣帶走了。」

　　小男孩說，這怎麼可以呢？我寧願自己生病，也不能讓別人也生病。後來小男孩再也沒見到過母親把藥渣倒在路上。有一天，小男孩打開後面的窗戶，他發現那些藥渣全倒在後門的小路上。那條小路只有母親上山砍柴才會經過。

　　醫生覺得教授真是古板，都 10 年了，怎麼又把故事拿出來講呢？醫生覺得索然無味。

　　教授的課在故事中結束，給學生留了幾道思考題。思考題很簡單，要求學生當堂課完成。前面的題大家答得很順利，可是，同學們被最後一道題難住了，這道題是這樣的：「你們知道單位裏每天清早在醫院裏打掃衛生的清潔工叫什麼名字？」同學們以為教授是在開玩笑，都沒有回答。

　　那位醫生也覺得好笑，都 10 年了，還出這樣的題，教授的課怎麼一成不變呢？教授看了學生的答題，表情很嚴肅。他在黑板上寫了一行字：「在你們的職業當中，每個人都是重要的，都值得關心，並關愛他們。」教授說：「現在我要表揚一位同學，只有他回答出來了」。

　　這個人就是那位醫生。醫生這時才猛然發現，自己在平時

工作中常會下意識地去記清潔工的名字。他工作的醫院有 1000 多人，他竟然記得每位清潔工的名字。因為，這道題 10 年前就曾難倒過他。沒想到當年第一堂課會影響他這麼多年。

　　在管理中也是一樣，我們不僅僅關注公司裏的主管，還要去關注那些默默無聞工作的人。

培訓師講故事

　　魏文王問名醫扁鵲說：「你們家兄弟三人，都精通醫術，到底那一位最好呢？」

　　扁鵲答說：「大哥最好，二哥次之，我最差。」

　　文王再問：「那麼為什麼你最出名呢？」

　　扁鵲答說：「我大哥治病，是治病於病情發作之前。由於一般人不知道他事先能剷除病因，所以他的名氣無法傳出去，只有我們家的人才知道。我二哥治病，是治病于病情初起之時。一般人以為他只能治輕微的小病，所以他的名氣只及於本鄉裏。而我扁鵲治病，是治病於病情嚴重之時。一般人都看到我在經脈上穿針管來放血、在皮膚上敷藥等大手術，所以以為我的醫術高明，名氣因此響遍全國。」

　　文王說：「你說得好極了。」

　　事後控制不如事中控制，事中控制不如事前控制，可惜大多數均未能體會到這一點，等到錯誤的決策造成了重大的損失才尋求彌補。

第 十 三 章

團隊信任培訓遊戲

1 遊戲名稱：信任你隊友的背倒

主旨：

　　身體挺直，向後倒下，倒落在下面隊友的手臂中。此項目看似簡單，但在整個過程中，完成的效果是不同的。這可以反映出很多情況，如團隊中信任如何建立，信任如何達成，是否遵守信用；是否能換位思考，體會站在台上的人的感受；個人是否具有責任感、自我控制能力和勇氣等。

遊戲開始

人數：10～20人

時間：60分鐘

場地：空地或操場

材料準備：一個 1.5 米高的平台

 遊戲步驟

1. 遊戲開始之前，讓所有學員摘下手錶、戒指以及帶扣的腰帶等尖銳物件，並把口袋掏空。

2. 先選兩個志願者，一個由高處跌落，另一個作為監護員，負責監控整個遊戲進程。讓他倆都站到平台上。

3. 其餘學員在平台前面排成兩列，佇列和平台形成一個合適角度，例如垂直於平台前沿，這些人將負責承接跌落者。他們必須肩並肩從低到高排成兩列，相對而立。要求這些學員向前伸直胳膊，交替排列，掌心向上，形成一個安全的承接區。他們不能和對面的隊友拉手或者彼此攙住對方的胳膊或手腕，因為這樣承接跌落者時，很有可能會相互碰頭。

4. 監護員的職責是保證跌落者正確倒下，並做好充分準備，能直接倒在兩列學員之間的承接區上。因為跌落者要向後倒，所以他必須背對承接隊伍。監護員負責保證跌落者兩腿夾緊，兩手放在衣兜裏緊貼身體；或者兩臂夾緊身體，兩手緊貼大腿兩側（這樣能避免兩手隨意擺動）。跌落者下落時要始終挺直身體，不能彎曲。如果他們彎腰，他們有可能會被砸倒在地。監護員還要保證跌落者頭部向後傾斜，身體挺直，直到他們倒下後被傳送至隊尾為止。

5. 監護員應該負責察看承接隊伍是否按個頭高低或者力氣大小均勻排列，必要時讓他們重新排隊。並且要時刻做好準備來承接跌落者。

6. 跌落者應該讓監護員知道他什麼時候倒下。聽到監護員喊：「倒」之後，他才能向後倒。

7. 隊首的承接員接住跌落者以後，將其傳送至隊尾。

8.隊尾的兩名承接員要始終攙著跌落者的身體,直到他雙腳落地。

9.剛才的跌落者此時變成了隊尾的承接員,靠近平台的承接員變成了台上的跌落者。依此一直循環下去,讓每個學員都輪流登場。別忘了讓監護員和隊友交換角色,好讓他也能充當承接員和跌落者。

 ## 遊戲討論

1. 承接跌落者的人,要摘下眼鏡、手錶、戒指等裝飾物,以免擦傷他人或自己。應儘量保證身高相同的人在一起組對兒,並讓個兒矮的排在靠近平台的地方,個子高的排在平台的遠端。要腳靠腳,腿並緊,手平鋪,與身邊的人緊密相依,才能保證跌落者的安全。

2. 跌落者準備好後,說一句:「請朋友們保護我。」承接隊準備好後團體回答:「請你相信我們!」然後再由培訓師向跌落者發出開始的口令。摔的人可把手捆起來,防止本能反應張開雙手打著承接者,頭要自然低下,不能昂頭,肩也要收緊,保持自然狀態靠重力下落。

3. 如果遇到學員膽怯,可以先讓他(她)當承接者,並不斷在進行中鼓勵他。如果大家都非常膽怯,可以先降低平台或架子的高度,甚至在平地上進行。

4. 訓練結束後,培訓師一定讓每個學員分享自己的感受,這一點非常重要。

2 遊戲名稱：搭雲梯

主旨：
這個遊戲主要用於建立小組成員間的相互信任。雖然遊戲設計很簡單，但是非常有效。

 ## 遊戲開始

人數：26 人

時間：80 分鐘

場地：空地、操場

材料準備：10～12 根硬木棒，要求每根長約 1 米，直徑約 0.03 米

 ## 遊戲步驟

1. 每個現場學員各找一個搭檔，並且讓其中一個人爬雲梯，另一個人扮演監護員。

2. 給每對搭檔發一根木棒兒（或水管）。讓每對搭檔面對面站好，所有搭檔肩並肩排成兩行。

3. 每對搭檔握住木棒，木棒與地面平行，其高度介於肩膀和腰部之間，這樣整個形成了一個類似水平擺放的木梯的形狀。每根木棒的高度可以各有不同，以形成一定的起伏。

4.把選好的爬梯者帶到雲梯的一端，讓他從這裏開始爬到雲梯的另一端。可以讓前端的搭檔等爬梯者通過後，迅速跑到末端站好，用這種方法可以隨意延長雲梯。

5.遊戲結束後，由培訓師帶領學員討論下列問題：

⑴爬梯之前和之後的感受如何？

⑵做「梯子」的時候你有何感受？

 ## 遊戲討論

1. 要確保每根木棒表面光滑，以避免劃傷或紮傷爬梯者。確保每個人都能牢牢抓住木棒，千萬不能在隊友經過時失手。這是一個用來建立信任的遊戲，如果有人不慎失手的話，喪失的信任感將很難恢復。

2. 不允許將木棒舉到比肩膀還高的位置上。

3.也可以調整隊形，形成一個弧形的雲梯。

4.可以將爬梯者的眼睛矇起來——但是不要矇住做「梯子」的隊員的眼睛。

3 遊戲名稱：南轅北轍

主旨：
這是一個在團隊成員之間建立信任的絕妙遊戲，有利於培養員工之間的團隊精神。

 ## 遊戲開始

人數：（大約）20 人
時間：50 分鐘
場地：不限
材料準備：20 個眼罩

 ## 遊戲步驟

1. 將受訓學員分成 10 組，每組搭檔發一個眼罩。

2. 把大家帶到場地的一端，在場地另一端選一個物體作為目標。

3. 每組搭檔中一人矇上眼罩，另一人跟在身後，防止他絆倒或撞上某些障礙物。但是他不能給矇眼睛的搭檔指路或做任何暗示告訴他該向那裏走。當矇住眼睛的搭檔覺得到了那個目標並停下來時，兩個人都停下，取下眼罩，看距離最終目標到底有多遠。

4. 兩個搭檔轉換角色後，重覆再訓練，直到所有人都矇過眼罩為止，詢問他們為什麼大多數學員距離最終目標那麼遠。

5. 給每組搭檔再發一個眼罩。讓他們仔細觀看前方的目標後，都矇上眼罩，挽著胳膊或攜手一起走向目標。一定要用相機給他們拍些大特寫，留作紀念。

6. 當他們發現兩個人的行動並不比單個人好多少時，建議所有學員聯合起來再嘗試一次。讓大家仔細觀看目標所在地之後，都矇上眼罩攜同向目標進發，學員們感覺到達目標後全部停下。

7. 當所有學員都停下後，每人都指向自認為目標所在的方向。同時，用另一隻手拿下眼罩。

8. 現在向大家解釋為什麼這個遊戲叫南轅北轍——這是因為放在極地的指南針可以指向很多方位作為南方。具體到這個遊戲，雖然每個人對目標在那兒都有自己的想法，但是團隊作為一個整體，比前面的單個人或一組搭檔更能接近目標。

9. 所有學員訓練結束後，由培訓師帶領學員討論本訓練的感受和啟示。

 ## 遊戲討論

要保證地上沒有障礙物，以免絆倒學員。

遊戲名稱：創造緩衝牆

> **主旨：**
> 當你在黑暗中摸索前進時，你的內心是充滿恐懼的，但你是否相信你的夥伴會時刻對你加倍關照呢？做完這個訓練，你就有答案了。遊戲雖簡單，但可用於建立團隊成員之間的信任感。

 ## 遊戲開始

人數：(大約)18 人

時間：40 分鐘

場地：平整的草地

材料準備：

1. 一個眼罩

2. 一面堅固的平整牆壁，如建築物的一面牆

 ## 遊戲步驟

1. 先選擇一塊平整的草地，裏面沒有障礙物，以防絆倒矇著眼罩的志願者。

2. 培訓師讓所有學員背對牆壁(或其他堅固物體)，站成一排，學員間隔一臂距離。

3. 先選兩名志願者，讓其中一個人矇上眼罩。

4. 讓沒有矇眼罩的志願者把矇著眼罩的搭檔帶到距離牆壁 10 米遠的地方,面向沿著牆壁站立的那排學員,然後讓矇眼罩的人向前走。

5. 矇著眼罩的志願者要擺出「緩衝」姿勢,即向前伸出雙臂,小臂向上彎曲,手掌向外,手的高度與臉齊平。在發生意外碰撞時,這種姿勢有助於避免或減輕對身體上半部份的傷害。

6. 緊靠牆壁站立的那排學員要保持完全靜止和沉默,此外,還要防止矇眼罩的人撞到牆上——換句話說,當那個矇眼罩的人靠近隊伍時,他們要抓住他,不能讓他觸及牆壁。

7. 兩位志願者前進時,沒矇眼罩的人充當監護員。他們不能靠得太近,但也要保持在一定的距離之內,以便矇眼罩的人快摔倒時能及時被扶住。一切就緒後,告訴矇眼罩的人向牆壁走去,同時擺出「緩衝」姿勢。

8. 牆邊的人抓到矇眼罩的志願者之後,大家依次交換角色,保證每個人都矇一次眼罩,做一次監護員。

9. 第一輪訓練結束後,重覆一次。

 ## 遊戲討論

1. 要確保讓矇眼罩的人擺著「緩衝」姿勢走路,同時,監護員要保持警惕。

2. 可以讓兩個矇眼罩的志願者同時朝牆壁走去,看誰最先到達。第一輪遊戲結束後,可以在第二輪遊戲中如此安排而不必重覆前者。

3. 訓練結束後,由培訓師帶領學員討論下列問題:

(1)遊戲過程中,學員們對矇著眼睛走路有何感想?

(2)在第二輪遊戲中,大家是不是感覺更自如了?為什麼?

(3)監護員對自己的作用有何認識?

(4)當前是什麼因素阻礙了我們相互支援?如何克服它?

培訓師講故事

釣過螃蟹的人或許都知道，簍子中放了一群螃蟹，不必蓋上蓋子，螃蟹也是爬不出去的，因為只要有一隻想往上爬，其他螃蟹便會紛紛攀附在它的身上，結果是把它拉下來，最後沒有一隻出得去。

有些人不喜歡看別人的成就與傑出表現，天天想盡辦法破壞與打壓，如果不予去除，久而久之，組織裏只剩下一群互相牽制、毫無生產力的螃蟹。勾心鬥角、相互壓制是企業生命力的大敵，心須時刻警惕，加以治理。

培訓師講故事

小猴子、山羊、驢子和熊，準備合作一個偉大的四重奏。

它們弄到了樂譜、中提琴、小提琴和兩把大提琴，就坐在一棵菩提樹下的草地上開始演奏。

它們咿咿呀呀地拉著琴，亂糟糟地一陣吵鬧，誰也不曉得它們拉的是什麼名堂！「停奏吧，兄弟們，等一下，」小猴子說道，「像這樣是奏不好的，你們連位子也沒有坐對！大熊，你奏的是大提琴，該坐在中提琴的對面。第一把提琴呢，該坐在第二把提琴的對面。這樣一來，你瞧著吧，我們就能奏出截然不同的音樂，讓山嶺和樹林都歡喜得跳起舞來。」

它們調整了位置，重新演奏起來，然而仍然怎麼也演奏不好。

「嗨，停一停，」驢子說道，「我可找到竅門了！我相信坐成一排就好了。」

它們按照驢子的辦法坐成一排。可是管用嗎？不管用。不但

不管用，而且亂得一塌糊塗。於是，它們對怎樣坐以及為什麼這樣坐爭吵得更加厲害了。它們吵鬧的聲音招來了一隻夜鶯，大家就向它請教演奏的竅門。

「請你耐心教導我們，」它們說，「我們正在四重奏，可一點兒也搞不出名堂來。我們有樂譜、有樂器，只要你告訴我們怎樣坐就行了！」

「要把四重奏搞得得心應手，你們必須懂得演奏的技術，」夜鶯答道，「光知道怎樣坐是不夠的。如果不懂技術，換個坐法也罷，換把提琴也罷，都是於事無補的。」

第 十 四 章

競爭能力培訓遊戲

1 遊戲名稱：不一樣的拔河

主旨：

著名生物學家達爾文說過：「生存下來的，不是最強壯的，也不是最聰明的，而是最能適應變化的。」同樣，在一個多變的訓練項目中，獲勝的道理也是如此。

 遊戲開始

人數：6 人

時間：35 分鐘

場地：空地或操場

材料準備：6 個坐墊（報紙）和結繩

遊戲步驟

1. 6 個人圍成圓圈，坐在坐墊上。

2. 給 6 個人發放結繩，各自要抓好自己的一端，培訓師發出信號後即可開始拔河，拔河時身體必須坐好。

3. 出了坐墊或放開繩子的人被淘汰，最後留下來的人得勝。

4. 訓練結束後，由培訓師帶領學員討論下列問題：

(1)你認為力氣大的人就一定能取勝嗎？

(2)和競爭對手在一起時，你是否運用技巧打敗了你的對手？

 ## 遊戲討論

此遊戲並非有力氣的人一定得勝，獲勝必須靠技巧，讓大家體會出借力使力的道理。

2 遊戲名稱：袋鼠跳躍

主旨：

這遊戲道理很簡單，但行動起來卻絕非易事。在訓練過程中，使學員理解競爭的真正含義，時刻保持一顆向上心，跌倒了，再爬起來。

遊戲開始

人數：（大約）20 人

時間：50 分鐘

場地：操場

材料準備：若干條封底麻袋

 ## 遊戲步驟

1. 隨機分成 5 人一組。

2. 宣佈比賽規則：每個人都要佔據一條長的封底麻袋中一個狹小的格子，將腰部以下套入格子，雙手抓住麻袋兩邊，雙腳略微分開，共同向前跳躍。

3. 以 20 米為賽段，開始比賽，按每組平均成績排名。

4. 比賽結束後，由培訓師帶領學員討論本訓練的感受和啓示。

 ## 遊戲討論

因為團隊中每個人的身體條件、反映速度均有所差別，所以很難做到起跳一致，而只要有一個人稍有延遲，就會影響整個團隊的行進速度。

這就像我們的工作中任何一個環節滯後，所影響的不僅是自己，更多的是影響全局。所以團隊中每個人都全神貫注、全力以赴是成功的關鍵所在。

團隊的整體實力也非常重要，單是有幾個人速度快、能力強還遠遠不夠，一樣會消化不良，欲速則不達。因此，每個人在跳躍時，都要盡力適應團隊的整體速度，這一點很重要。

3 遊戲名稱：推手遊戲

主旨：

　　這是一個無需任何道具，並且具有競爭性的快速訓練項目，它使學員彼此對抗。在對抗中取勝的人往往不是力氣最大的人，而是最善於運用技巧的人。

 遊戲開始

　　人數：（大約）20 人

　　時間：40 分鐘

　　場地：不限

　　材料準備：無

 遊戲步驟

　1. 每名學員都要選一個搭檔。

　2. 各組搭檔要雙腳並齊，面對面站立，距一臂之隔。

　　3. 兩人都伸出胳膊，四掌相對。整個訓練過程中，不允許接觸搭檔的其他部位。

　　4. 每對搭檔的任務是儘量讓對方失去平衡，以移動雙腳為準。未移動的一方將積 1 分。如果雙方都失去平衡，均不得分；若隊員觸摸到對方身體的其他部位，則扣除 1 分。

　　5. 讓搭檔們準備好後大喊一聲。開始！

6.訓練結束後，由培訓師帶領學員討論下列問題：

‧你們小組的優勝者是誰？他得勝的原因什麼？

‧訓練過程中什麼辦法最有效？

‧這個項目告訴我們在競爭中應該講究什麼技巧？

 遊戲討論

1.要求學員不能快速推對方。

2.各組的獲勝者繼續結對，開始下一輪淘汰賽。重覆下去，直到誕生總冠軍為止。

4 遊戲名稱：划艇競賽

主旨：

　　划艇競技是一項風險中等、操作較困難的體驗活動，它以團隊為主要挑戰對象，適合於全體員工。它有利於改善團隊內的協調和溝通，增強團隊的凝聚力，培養團隊意識，融洽團隊的氣氛。

遊戲開始

人數：16 人以上

時間：30 分鐘

場地：平穩的河流

材料準備：皮艇 2 艘、救生衣若干(每人 1 套)

遊戲步驟

1. 將所有學員分組，每組 8 人，宣佈活動規則，講解划艇技巧，協助學員穿上救生衣，提醒安全注意事項。

2. 給每組 10 分鐘，讓他們嘗試划艇。

3. 發令示意活動開始。為率先沖過終點的隊伍頒獎並總結。

4. 比賽結束後，由培訓師帶領學員討論下列問題：

⑴在開始划艇之前，關於比賽你們都討論了那些問題？最終制訂出了什麼樣的方案？

⑵划艇的過程中，你們碰到了那些問題？是怎麼解決的？

⑶假定的方案是否適合真正的比賽呢？是否對假定的方案進行過修改？

⑷你們認為整個團隊的協作成功嗎？

⑸贏(輸)了這場划艇賽的原因是什麼？找出幾個重要原因。

 遊戲討論

在艇類運動中，划艇的特色是極具速度感。一般來說，以人力推動的船隻主要是靠手臂提供動力，但賽艇卻是全身運動，對參與者的體能和技巧等要求甚高，是一項極富挑戰性的運動。

5 遊戲名稱：推拉賽

主旨：

這是一種循環項目，培訓過程中可以隨時開展。它可以使學員
們以有趣的形式參與到競爭中去。

 遊戲開始

人數：30 人

時間：15～20 分鐘

場地：室內外均可

材料準備：一段長繩子，一個口哨

 遊戲步驟

1. 把繩子拉直後放在地上。後背有毛病的人不能參加遊戲。讓所
有學員按大小個兒排成一列，然後從佇列一端開始，彼此結對兒。每
對搭檔分立繩子兩側。彼此轉身，背對自己的搭檔。

2. 每對搭檔都俯身半蹲，胳膊穿過兩腿之間，和對方雙手相互扣
住，此時繩子恰好在他們之間。

3. 一聽到吹哨，他們便用力把對方拉過繩子——就像拔河比賽一
樣。

4. 將第一輪比賽的獲勝隊員作為二次參賽者，互相結對。重覆這
種遊戲，直到產生總冠軍為止。

5. 讓所有學員找回第一個搭檔，站到遊戲開始時的最初位置。這次用力推對方，直到自己向後跨過繩子。重覆該過程，直到產生總冠軍為止。

6. 最後進行拔河遊戲。讓大家重新站到剛開始的最初位置，每對搭檔都俯身半蹲，向後伸出胳膊，抓住背後兩個隊員的手（一隻手握自己的搭檔，另一隻手握搭檔旁邊的人）。最先把對方拉過線的那組隊員，獲勝。

7. 遊戲結束後，培訓師帶領學員討論本訓練的感受和啓示。

 遊戲討論

1. 背部有毛病的人不能參加此訓練。

2. 確保隊員們動作要柔和，不要粗暴。

3. 注意不要引起吵架。

6 遊戲名稱：輪胎大賽

> **主旨：**
> 這個項目會使學員們四處奔跑、氣喘吁吁、樂而不疲，可以用來培養他們的競爭意識和合作精神。

 遊戲開始

人數：不限

時間：1 小時以上

場地：足球場地或一個比較大的活動場地

材料準備：

1. 兩種顏色的頭巾（或是袖標）和彩帶，每個隊員發一條頭巾，不同的頭巾顏色代表不同的小組

2. 兩塊矇眼布

3. 兩個比較大的汽車內胎，例如卡車的內胎

4. 一把哨子

5. 一個補胎工具箱和一把氣筒，以便輪胎漏氣時使用

 遊戲步驟

1. 這遊戲需要場地大，足球場是最理想的訓練場地，但是，如果找不到足球場的話，那麼可以用一些物體在地上標記出四個角和球門，球門就是場地的兩端。這裏不需要標記邊線。

2. 輪胎打氣至半足，這樣輪胎會比較軟，可以避免意外傷害。在輪胎上做上標記，該標記要與輪胎所屬的小組的顏色一致。一個簡單的標記辦法是在不同的輪胎上繫上不同顏色的彩帶，例如，在紅隊的輪胎上繫上紅色的彩帶，在藍隊的輪胎上繫上藍色的彩帶。

3. 把兩個輪胎放在場地的中間。

4. 把所有隊員分成人數相同的兩個小組，每個小組一種顏色的頭巾（或袖標），讓大家把頭巾（或袖標）都戴上。

5. 說明比賽規則。培訓師可以這樣來描述：

這是一場以獲勝為目的比賽。為了成為勝利者，每個小組需要在規定的時間內，盡可能多地得分。兩個小組將一共進行 4 局比賽，每局 10 分鐘，兩局之間有 5 分鐘的休息時間。得分規則是每把自己小組的輪胎推過對方的球門一次，則得 1 分，每個小組的球門是自己小組身後的兩個角所確定的直線。

比賽開始的時候，每個小組的全體成員都要退到場外，在自己的球門後面站好。每個小組推舉一名志願者，並矇上這個志願者的眼睛。這兩名被矇上了眼睛的志願者需要進入到場地中間，找到屬於自己小組的輪胎。在輪胎被找到之前，任何其他隊員不得進入場地，而且志願者不可以摘掉矇眼布。志願者只能根據隊友們的指令，判斷向那裏走、走多遠。一旦志願者碰到了自己小組的輪胎，他就可以摘掉矇眼布了。與此同時，他的隊友們可以跑入場地中，開始比賽。只允許通過用腳踢或膝蓋推的方式移動輪胎，不允許用手或胳膊接觸輪胎。如果某個隊員的手或胳膊碰到了輪胎，該小組的輪胎必須保持靜止 10 秒鐘，在這 10 秒鐘裏，該小組的任何人都不能碰這個輪胎。

6. 在這場比賽中沒有邊線，也就是說在橫向上大家可以自由活動，但是，不管你在多寬的範圍內傳遞輪胎，別忘了得分的規則是把輪胎推過對方的球門。

　　通過上面對遊戲規則的描述，你不難發現。要贏得這場比賽，你不僅需要好的進攻戰略，而且需要好的防守戰略，你需要瓦解對方的進攻，盡量不讓對方的輪胎攻入自己的球門。惟一的防守規則是不可以通過把腿放入輪胎的中間來停止輪胎的運動。一旦某個隊「進球」了，兩個隊都要把自己的輪胎放回到場地中間，準備重新開始比賽——即所有隊員退到場外，在自己的球門後面站好。每個隊再推舉一名志願者，矇上他們的眼睛，回到場內去找輪胎。

　　7. 等大家都明確了遊戲規則之後，讓兩個隊都退到自己的球門之後，每個隊選出一名志願者，矇上志願者的眼睛。一切都就緒之後，比賽開始。

　　8. 訓練結束後，培訓師帶領學員討論本訓練的感受和啓示。

 ## 遊戲討論

　　1. 為避免意外傷害，要把輪胎的金屬打氣閥用膠帶包起來。

　　2. 如果場地附近存在任何障礙物的話，讓眼睛被矇上的隊員保持類似於汽車保險杠的姿勢——彎曲雙肘，手掌向外，手的高度與臉齊平。在發生意外碰撞時，這種姿勢有助於避免或減輕對身體上半部的傷害。

> ## 培訓師講故事
>
> 　　有 7 個人組成了一個小團體共同生活，他們每天一起來分吃一鍋粥，但是他們沒有任何稱量工具和有刻度的容器。
>
> 　　大家試驗了不同的方法，發揮了每個人的聰明才智、多次博弈形成了日益完善的制度。大體說來主要經歷了以下幾個過

程：

方法一：剛開始，大家擬定了一個人負責分粥的事情。很快大家就發現，這個人為自己分的粥最多，於是又換了一個人，但是，總是主持分粥的人碗裏的粥最多最好。

這時候有人得出結論：是權力導致腐敗，絕對的權力導致絕對腐敗。

方法二：大家輪流主持分粥，每人一天。這樣等於承認了個人有為自己多分粥的權力，同時給予了每個人為自己多分的機會。雖然看起來平等了，但是每個人在一週中只有一天吃得飽而且有剩餘，其餘 6 天都饑餓。

這種方式導致了資源浪費。

方法三：大家選舉一個信得過的人主持分粥。開始的時候，這品德尚屬上乘的人還能基本公平，但不久他就開始為自己多分。

不能放任其墮落和風氣敗壞，還得尋找新思路。

方法四：選舉一個分粥委員會和一個監督委員會，形成監督和制約。公平基本上做到了，可是由於監督委員會常提出多種議案，分粥委員會又據理力爭，等分粥完畢時，粥早就涼了。

機構臃腫，辦事效率極低。

方法五：每個人輪流值日分粥，但是分粥的那個人要最後一個領粥。令人驚奇的是，在這種制度下，7 個碗裏的粥每次都是一樣多，就像用科學儀器量過一樣。

培訓師講故事

　　一望無際的非洲草原，一群羚羊在那兒歡快地覓食，悠閒地散步。突然，一隻非洲豹向羊群撲去。羚羊受到驚嚇，開始拼命地四處逃散，非洲豹的眼睛死死盯著一隻未成年的羚羊，窮追不捨。

　　羚羊拼命地逃，非洲豹使勁地追，非洲豹超過了一隻又一隻站在旁邊驚恐觀望的羚羊，它只是一個勁兒地向那隻未成年的羚羊亡命似的追，而對身邊的其他羚羊卻像沒有看見似的，一次次地放過了它們。

　　終於，那隻未成年的羚羊被兇悍的非洲豹撲倒了，掙扎著倒在了血泊中。

　　非洲豹為什麼放棄身邊一隻又一隻的羚羊，卻死死盯著那隻未成年的羚羊呢？在聽到主持人的解說後，大家終於恍然大悟。

　　原來豹子已經跑累了，而其他的羚羊並沒有跑累，如果在追趕的過程中因其他的羚羊而改變目標，其他的羚羊一旦起跑，轉瞬之間就會把疲憊不堪的豹子甩在身後，因此豹子始終不丟開那隻未成年的羚羊，最終讓它成了口中的食物。

培訓師講故事

　　美國著名的政治家和科學家、《獨立宣言》起草人之一的佛蘭克林，因為其突出的貢獻和成就，被尊稱為「美國人之父」。

　　佛蘭克林年輕的時候，曾去一位老前輩家拜訪，那時他年輕氣盛，挺胸抬頭邁著大步，當他準備從小門進入時，因為門框過於低矮，他的頭狠狠地撞在門框上，痛得他一邊不住用手揉搓，一邊看著比他矮一大截的門生悶氣。

　　出來迎接的前輩看到他這副樣子，微笑著說：「很疼吧？可是，這將是你今天拜訪我的最大收穫。一個人要想平安無事地活在這個世上，就必須時刻記住：抬頭先須低頭，該低頭時絕不能逞強。這也是我要教你的事情。」

　　佛蘭克林把這次拜訪得到的教導看成是一生最大的收穫，並把前輩的叮嚀列為生活準則之一。佛蘭克林從這一教訓中終生受益，後來，他功勳卓越，成為一代偉人。在一次談話中他說道：「這一啟發幫了我的大忙。」

第 十五 章

附錄　講師小技巧

一、讓大家安靜下來的好辦法

　　讓參加培訓的學員安靜下來是要講究藝術性的。這就需要避免使用一些例如「請留神聽講！」或者「請安靜下來好嗎？」等等刻板的語言。可以選擇一些約定俗成的方式來提醒注意：吹一聲哨，搖幾下過去學校用的上課鈴，利用一個計時器，甚至可以借用例如三角鐵、口琴或者竹笛等樂器。

　　用手勢代替語言也能收到同樣良好的效果。培訓師僅需用一個與軍人舉起三根手指的簡單軍禮來示意「大家安靜」相仿的手勢來引起大家的注意，然後自會有人把這個訊息傳播開來，讓大家形成一個思維定勢。這樣無論在做什麼事情，當一看到培訓師的手勢便會立即放下手中的事情，安靜地聽培訓師講話。

　　培訓師也可以用答錄機播放一些大家相當熟悉的優美曲子，吸引大家的注意。培訓師還可以製作三個有明顯區別的示意牌，當討論結果出來之後，培訓師就把示意牌放在醒目的地方作為提示。在每次休息或小組討論之後，立即給大家講一個拿手的幽默故事或小笑話。在講故事的時候，一定要把聲音壓得很低，讓全體學員都安靜下來的

時候才能夠聽到！哈哈，這是不是個有效的辦法呢？

二、使成員儘快地融入集體

在規模較大的培訓或會議中，新來的人常常被冷落在一旁，難於結識其他人。已形成的小集團很難被打破，第一次參加培訓的學員會感到自己完全遊離於集體之外，不是這個集體的一分子。

破冰遊戲也是使成員迅速融為整個團隊的不錯方法。為了鼓勵參加培訓的人員對每一個人都儘快熟悉，可以先定某人充當神秘先生或神秘女士。在前幾次培訓開始之前或在培訓進行期間做下述遊戲，宣佈;「與神秘人物握手，他會給你 1 美元。」（或者「逢 10 個或 20個，30 個，與神秘人物握手的人，可以獲得美元」等等。）如果方法運用得當的話，你的培訓課程就會使玩者感到有趣有效。它對於打破僵局，營造一種溫暖友好的氣氛極其有效。

三、使你的培訓與他們的期望目標一致

培訓開始時，把印有培訓目的和遊戲主題的說明材料發給大家，然後說明培訓的目的和日程，指出培訓的主要議題和次要議題。

請參加培訓的人員讀一下遊戲準備。在他們自己參加培訓的首要目的上打「√」或者畫「○」，這樣你就可以確保他們個人的目的與培訓的既定目標「協調」。（如果參加培訓的人員事先拿到了日程表的話，他們的目的一般都與會議既定目標基本吻合。）如果參加培訓的人員有未被遊戲準備提及的目的，那就請他們把自己的目的寫下來。

如果參加培訓的人員少於 15 個人，那就在他們確定了自己的目的之後，請每個人都陳述一下自己的目的，以及選擇這個目的的理由是什麼。

如果參加培訓的人員多於 15 個人，則把每個目的都讀一下，請他們舉手表決，看有多少人把這個目的作為首要目的。

然後，問一下全體培訓成員是否還有其他目的沒有提出來。如果有，請某位參加培訓的成員提出不在會議既定目標和內容之內的要求。在這種情況下，首先向他（們）表示感謝，然後委婉地說這一特別提議並不在培訓的既定目標和內容之內，如果你對這一特別議題有些經驗，可以主動提出在休息時間與他（們）就此問題進行討論。如果它不屬於你的專業範圍，詢問一下參加培訓的人員，看看是否有人可以提供幫助，很可能會有一位同行愉快地響應你的這一號召。

四、大家放鬆一下

在參加培訓的人員結束了緊張的活動或討論後，或者被動地接受了一些專業的知識之後，給他們一個放鬆的機會，不失為一個讓你的培訓增加樂趣的好辦法。

選擇一個大家看起來特別無精打采的時候，給他們一種獨特的休息方式（不用咖啡，也不用休息室）。請所有培訓學員起立，在身邊留出足夠的空間，以免在自由揮動手臂時彼此碰撞。

對他們說，他們已經贏得了樂隊指揮的權力，將在隨後的時間裏指揮舉世聞名的費城交響樂團（Philadelphia Orchestra）。你還可以告訴他們，據說模仿指揮是放鬆情緒和鍛鍊身體（尤其是心血管系統）的絕佳方式。然後播放一段樂曲，請他們伴隨音樂進行指揮。

這個小竅門在你精心挑選了曲目的情況下最為有效。我們推薦那些所有人都耳熟能詳的曲目，這樣他們會知道下面的音樂是什麼。選取的音樂應該是節奏明快的，或在速度和音量上有變化的曲子，以刺激人們在指揮時的活力。

蘇澤（Sousa）進行曲或者施特勞斯（Strauss）的圓舞曲效果很

好。

五、鼓勵大家參與遊戲

準備一些可以分發給大家當貨幣用的東西，如大富翁遊戲裏用的玩具鈔票，或者撲克籌碼（當然，事先要把紅、白、藍、黃各色籌碼所代表的價值確定下來）。

開列一份清單，把一些對參加培訓的學員而言有潛在價值的獎品分列到清單上面。其中可以包括公司咖啡廳的禮品，價值從免費咖啡到免費午餐不等，或者是一個印有培訓師標誌的牛奶杯子，或者是一本與管理培訓有關的書籍，例如，萊比特‧比特爾和約翰‧紐斯特洛姆的著作《管理者必讀》，或者愛德華‧斯坎奈爾的著作《管理溝通》，或者還有一些富有創意和引起吸引力的獎勵辦法，例如與董事長在經理餐廳共進午餐，或者兩張免費音樂會門票，或者免費打一次高爾夫球。一定要有創意！

告訴參加培訓的學員，你希望他們積極參與，再告訴他們會有那些獎品。如果參加培訓的學員按照你的要求去做了，你就毫不吝嗇地將鈔票或撲克籌碼當場獎勵給他們。

然後，待這種遊戲模式建立起來了之後，你可以透過追加獎勵品或者為某種行為（如分析式反應與機械式反應）頒發團體獎（每人發幾美元）的辦法來進一步鼓勵大家踴躍發言。

會議結束時，給參加培訓的學員幾分鐘時間流覽一下他們的「所獲獎的清單」，「購買」他們想要的東西。

六、讓你的學員振作精神

幫助參加培訓的學員在午飯後振作精神，準備一些關於培訓議題的問題（一張卡片上寫一個短小的問題）。

　　把培訓室按照你最喜歡的方式佈置好，在每把椅子旁都留出足夠的空間。在遊戲開始前，把所有多餘的椅子都搬出去，另外再多搬出去一把椅子。然後，給參加培訓的學員描述一下遊戲規則，在你播放節奏明快的音樂時，讓他們繞著房間走動，20～30 秒之後，音樂停止。這時參加培訓的學員可開始爭搶椅子，然後給那個因為沒有搶到椅子而站在一旁的幸運兒一張卡片，請他回答已準備好的問題。

　　再搬走一把椅子，遊戲繼續。本遊戲可以隨時停止，只要參加培訓的學員一下子活躍起來了，無需在上面花太多的時間。

臺灣的核心競爭力，就在這裏！

圖書出版目錄

　　憲業企管顧問（集團）公司為企業界提供診斷、輔導、培訓等專項工作。下列圖書是由臺灣的憲業企管顧問（集團）公司所出版，自 1993 年秉持專業立場，特別注重實務應用，50 餘位顧問師為企業界提供最專業的經營管理類圖書。

　　選購企管書，敬請認明品牌：**憲 業 企 管 公 司**。

1. 傳播書香社會，直接向本出版社購買，一律 9 折優惠，郵遞費用由本公司負擔。服務電話(02) 27622241　(03) 9310960　　傳真(03) 9310961

2. 付款方式：請將書款轉帳到我公司下列的銀行帳戶。

　‧銀行名稱：合作金庫銀行（敦南分行）　帳號：**5034-717-347447**
　　公司名稱：憲業企管顧問有限公司

　‧郵局劃撥號碼：**18410591**　郵局劃撥戶名：憲業企管顧問公司

3. 圖書出版資料每週隨時更新，請見網站 www.bookstore99.com

經營顧問叢書

編號	書名	價格	編號	書名	價格
25	王永慶的經營管理	360 元	135	成敗關鍵的談判技巧	360 元
52	堅持一定成功	360 元	137	生產部門、行銷部門績效考核手冊	360 元
56	對準目標	360 元	139	行銷機能診斷	360 元
60	寶潔品牌操作手冊	360 元	140	企業如何節流	360 元
78	財務經理手冊	360 元	141	責任	360 元
79	財務診斷技巧	360 元	142	企業接棒人	360 元
91	汽車販賣技巧大公開	360 元	144	企業的外包操作管理	360 元
97	企業收款管理	360 元	146	主管階層績效考核手冊	360 元
100	幹部決定執行力	360 元	147	六步打造績效考核體系	360 元
122	熱愛工作	360 元	148	六步打造培訓體系	360 元
129	邁克爾‧波特的戰略智慧	360 元	149	展覽會行銷技巧	360 元
130	如何制定企業經營戰略	360 元			

150	企業流程管理技巧	360 元		234	銷售通路管理實務〈增訂二版〉	360 元
152	向西點軍校學管理	360 元		235	求職面試一定成功	360 元
154	領導你的成功團隊	360 元		236	客戶管理操作實務〈增訂二版〉	360 元
163	只為成功找方法，不為失敗找藉口	360 元		237	總經理如何領導成功團隊	360 元
167	網路商店管理手冊	360 元		238	總經理如何熟悉財務控制	360 元
168	生氣不如爭氣	360 元		239	總經理如何靈活調動資金	360 元
170	模仿就能成功	350 元		240	有趣的生活經濟學	360 元
176	每天進步一點點	350 元		241	業務員經營轄區市場（增訂二版）	360 元
181	速度是贏利關鍵	360 元		242	搜索引擎行銷	360 元
183	如何識別人才	360 元		243	如何推動利潤中心制度（增訂二版）	360 元
184	找方法解決問題	360 元		244	經營智慧	360 元
185	不景氣時期，如何降低成本	360 元		245	企業危機應對實戰技巧	360 元
186	營業管理疑難雜症與對策	360 元		246	行銷總監工作指引	360 元
187	廠商掌握零售賣場的竅門	360 元		247	行銷總監實戰案例	360 元
188	推銷之神傳世技巧	360 元		248	企業戰略執行手冊	360 元
189	企業經營案例解析	360 元		249	大客戶搖錢樹	360 元
191	豐田汽車管理模式	360 元		252	營業管理實務（增訂二版）	360 元
192	企業執行力（技巧篇）	360 元		253	銷售部門績效考核量化指標	360 元
193	領導魅力	360 元		254	員工招聘操作手冊	360 元
198	銷售說服技巧	360 元		256	有效溝通技巧	360 元
199	促銷工具疑難雜症與對策	360 元		258	如何處理員工離職問題	360 元
200	如何推動目標管理(第三版)	390 元		259	提高工作效率	360 元
201	網路行銷技巧	360 元		261	員工招聘性向測試方法	360 元
204	客戶服務部工作流程	360 元		262	解決問題	360 元
206	如何鞏固客戶（增訂二版）	360 元		263	微利時代制勝法寶	360 元
208	經濟大崩潰	360 元		264	如何拿到 VC（風險投資）的錢	360 元
215	行銷計劃書的撰寫與執行	360 元		267	促銷管理實務〈增訂五版〉	360 元
216	內部控制實務與案例	360 元		268	顧客情報管理技巧	360 元
217	透視財務分析內幕	360 元		269	如何改善企業組織績效〈增訂二版〉	360 元
219	總經理如何管理公司	360 元		270	低調才是大智慧	360 元
222	確保新產品銷售成功	360 元		272	主管必備的授權技巧	360 元
223	品牌成功關鍵步驟	360 元		275	主管如何激勵部屬	360 元
224	客戶服務部門績效量化指標	360 元		276	輕鬆擁有幽默口才	360 元
226	商業網站成功密碼	360 元		278	面試主考官工作實務	360 元
228	經營分析	360 元		279	總經理重點工作(增訂二版)	360 元
229	產品經理手冊	360 元				
230	診斷改善你的企業	360 元				
232	電子郵件成功技巧	360 元				

282	如何提高市場佔有率（增訂二版）	360 元
283	財務部流程規範化管理（增訂二版）	360 元
284	時間管理手冊	360 元
285	人事經理操作手冊（增訂二版）	360 元
286	贏得競爭優勢的模仿戰略	360 元
287	電話推銷培訓教材（增訂三版）	360 元
288	贏在細節管理（增訂二版）	360 元
289	企業識別系統 CIS（增訂二版）	360 元
290	部門主管手冊（增訂五版）	360 元
291	財務查帳技巧（增訂二版）	360 元
293	業務員疑難雜症與對策（增訂二版）	360 元
295	哈佛領導力課程	360 元
296	如何診斷企業財務狀況	360 元
297	營業部轄區管理規範工具書	360 元
298	售後服務手冊	360 元
299	業績倍增的銷售技巧	400 元
300	行政部流程規範化管理（增訂二版）	400 元
302	行銷部流程規範化管理（增訂二版）	400 元
304	生產部流程規範化管理（增訂二版）	400 元
305	績效考核手冊(增訂二版)	400 元
307	招聘作業規範手冊	420 元
308	喬·吉拉德銷售智慧	400 元
309	商品鋪貨規範工具書	400 元
310	企業併購案例精華（增訂二版）	420 元
311	客戶抱怨手冊	400 元
314	客戶拒絕就是銷售成功的開始	400 元
315	如何選人、育人、用人、留人、辭人	400 元
316	危機管理案例精華	400 元
317	節約的都是利潤	400 元

318	企業盈利模式	400 元
319	應收帳款的管理與催收	420 元
320	總經理手冊	420 元
321	新產品銷售一定成功	420 元
322	銷售獎勵辦法	420 元
323	財務主管工作手冊	420 元
324	降低人力成本	420 元
325	企業如何制度化	420 元
326	終端零售店管理手冊	420 元
327	客戶管理應用技巧	420 元
328	如何撰寫商業計畫書（增訂二版）	420 元
329	利潤中心制度運作技巧	420 元
330	企業要注重現金流	420 元
331	經銷商管理實務	450 元
332	內部控制規範手冊（增訂二版）	420 元
333	人力資源部流程規範化管理（增訂五版）	420 元
334	各部門年度計劃工作（增訂三版）	420 元
335	人力資源部官司案件大公開	420 元
336	高效率的會議技巧	420 元
337	企業經營計劃〈增訂三版〉	420 元
338	商業簡報技巧（增訂二版）	420 元
339	企業診斷實務	450 元
340	總務部門重點工作（增訂四版）	450 元

《商店叢書》

18	店員推銷技巧	360 元
30	特許連鎖業經營技巧	360 元
35	商店標準操作流程	360 元
36	商店導購口才專業培訓	360 元
37	速食店操作手冊〈增訂二版〉	360 元
38	網路商店創業手冊〈增訂二版〉	360 元
40	商店診斷實務	360 元
41	店鋪商品管理手冊	360 元
42	店員操作手冊（增訂三版）	360 元
44	店長如何提升業績〈增訂二版〉	360 元

45	向肯德基學習連鎖經營〈增訂二版〉	360 元
47	賣場如何經營會員制俱樂部	360 元
48	賣場銷量神奇交叉分析	360 元
49	商場促銷法寶	360 元
53	餐飲業工作規範	360 元
54	有效的店員銷售技巧	360 元
55	如何開創連鎖體系〈增訂三版〉	360 元
56	開一家穩賺不賠的網路商店	360 元
58	商鋪業績提升技巧	360 元
59	店員工作規範（增訂二版）	400 元
61	架設強大的連鎖總部	400 元
62	餐飲業經營技巧	400 元
64	賣場管理督導手冊	420 元
65	連鎖店督導師手冊（增訂二版）	420 元
67	店長數據化管理技巧	420 元
69	連鎖業商品開發與物流配送	420 元
70	連鎖業加盟招商與培訓作法	420 元
71	金牌店員內部培訓手冊	420 元
72	如何撰寫連鎖業營運手冊〈增訂三版〉	420 元
73	店長操作手冊（增訂七版）	420 元
74	連鎖企業如何取得投資公司注入資金	420 元
75	特許連鎖業加盟合約（增訂二版）	420 元
76	實體商店如何提昇業績	420 元
77	連鎖店操作手冊（增訂六版）	420 元
78	快速架設連鎖加盟帝國	450 元
79	連鎖業開店複製流程（增訂二版）	450 元
80	開店創業手冊〈增訂五版〉	450 元
81	餐飲業如何提昇業績	450 元

《工廠叢書》

15	工廠設備維護手冊	380 元
16	品管圈活動指南	380 元
17	品管圈推動實務	380 元
20	如何推動提案制度	380 元
24	六西格瑪管理手冊	380 元

30	生產績效診斷與評估	380 元
32	如何藉助 IE 提升業績	380 元
46	降低生產成本	380 元
47	物流配送績效管理	380 元
51	透視流程改善技巧	380 元
55	企業標準化的創建與推動	380 元
56	精細化生產管理	380 元
57	品質管制手法〈增訂二版〉	380 元
58	如何改善生產績效〈增訂二版〉	380 元
68	打造一流的生產作業廠區	380 元
70	如何控制不良品〈增訂二版〉	380 元
71	全面消除生產浪費	380 元
72	現場工程改善應用手冊	380 元
77	確保新產品開發成功（增訂四版）	380 元
79	6S 管理運作技巧	380 元
84	供應商管理手冊	380 元
85	採購管理工作細則〈增訂二版〉	380 元
88	豐田現場管理技巧	380 元
89	生產現場管理實戰案例（增訂三版）	380 元
92	生產主管操作手冊(增訂五版)	420 元
93	機器設備維護管理工具書	420 元
94	如何解決工廠問題	420 元
96	生產訂單運作方式與變更管理	420 元
97	商品管理流程控制(增訂四版)	420 元
102	生產主管工作技巧	420 元
103	工廠管理標準作業流程〈增訂三版〉	420 元
105	生產計劃的規劃與執行(增訂二版)	420 元
107	如何推動 5S 管理（增訂六版）	420 元
108	物料管理控制實務〈增訂三版〉	420 元
111	品管部操作規範	420 元
112	採購管理實務〈增訂八版〉	420 元
113	企業如何實施目視管理	420 元

114	如何診斷企業生產狀況	420元
115	採購談判與議價技巧〈增訂四版〉	450元
116	如何管理倉庫〈增訂十版〉	450元
117	部門績效考核的量化管理（增訂八版）	450元

《醫學保健叢書》

23	如何降低高血壓	360元
24	如何治療糖尿病	360元
25	如何降低膽固醇	360元
26	人體器官使用說明書	360元
27	這樣喝水最健康	360元
28	輕鬆排毒方法	360元
29	中醫養生手冊	360元
32	幾千年的中醫養生方法	360元
34	糖尿病治療全書	360元
35	活到120歲的飲食方法	360元
36	7天克服便秘	360元
37	為長壽做準備	360元
39	拒絕三高有方法	360元
40	一定要懷孕	360元
41	提高免疫力可抵抗癌症	360元
42	生男生女有技巧〈增訂三版〉	360元

《培訓叢書》

12	培訓師的演講技巧	360元
15	戶外培訓活動實施技巧	360元
21	培訓部門經理操作手冊（增訂三版）	360元
23	培訓部門流程規範化管理	360元
24	領導技巧培訓遊戲	360元
26	提升服務品質培訓遊戲	360元
27	執行能力培訓遊戲	360元
28	企業如何培訓內部講師	360元
31	激勵員工培訓遊戲	420元
32	企業培訓活動的破冰遊戲（增訂二版）	420元
33	解決問題能力培訓遊戲	420元
34	情商管理培訓遊戲	420元
36	銷售部門培訓遊戲綜合本	420元
37	溝通能力培訓遊戲	420元
38	如何建立內部培訓體系	420元
39	團隊合作培訓遊戲（增訂四版）	420元
40	培訓師手冊（增訂六版）	420元
41	企業培訓遊戲大全(增訂五版)	450元

《傳銷叢書》

4	傳銷致富	360元
5	傳銷培訓課程	360元
10	頂尖傳銷術	360元
12	現在輪到你成功	350元
13	鑽石傳銷商培訓手冊	350元
14	傳銷皇帝的激勵技巧	360元
15	傳銷皇帝的溝通技巧	360元
19	傳銷分享會運作範例	360元
20	傳銷成功技巧（增訂五版）	400元
21	傳銷領袖（增訂二版）	400元
22	傳銷話術	400元
24	如何傳銷邀約（增訂二版）	450元

《幼兒培育叢書》

1	如何培育傑出子女	360元
2	培育財富子女	360元
3	如何激發孩子的學習潛能	360元
4	鼓勵孩子	360元
5	別溺愛孩子	360元
6	孩子考第一名	360元
7	父母要如何與孩子溝通	360元
8	父母要如何培養孩子的好習慣	360元
9	父母要如何激發孩子學習潛能	360元
10	如何讓孩子變得堅強自信	360元

《智慧叢書》

1	禪的智慧	360元
2	生活禪	360元
3	易經的智慧	360元
4	禪的管理大智慧	360元
5	改變命運的人生智慧	360元
6	如何吸取中庸智慧	360元
7	如何吸取老子智慧	360元
8	如何吸取易經智慧	360元
9	經濟大崩潰	360元
10	有趣的生活經濟學	360元
11	低調才是大智慧	360元

《DIY 叢書》

1	居家節約竅門 DIY	360 元
2	愛護汽車 DIY	360 元
3	現代居家風水 DIY	360 元
4	居家收納整理 DIY	360 元
5	廚房竅門 DIY	360 元
6	家庭裝修 DIY	360 元
7	省油大作戰	360 元

為方便讀者選購，本公司將一部分上述圖書又加以專門分類如下：

《主管叢書》

1	部門主管手冊（增訂五版）	360 元
2	總經理手冊	420 元
4	生產主管操作手冊（增訂五版）	420 元
5	店長操作手冊（增訂六版）	420 元
6	財務經理手冊	360 元
7	人事經理操作手冊	360 元
8	行銷總監工作指引	360 元
9	行銷總監實戰案例	360 元

《總經理叢書》

1	總經理如何經營公司(增訂二版)	360 元
2	總經理如何管理公司	360 元
3	總經理如何領導成功團隊	360 元
4	總經理如何熟悉財務控制	360 元
5	總經理如何靈活調動資金	360 元

6	總經理手冊	420 元

《人事管理叢書》

1	人事經理操作手冊	360 元
2	員工招聘操作手冊	360 元
3	員工招聘性向測試方法	360 元
5	總務部門重點工作（增訂三版）	400 元
6	如何識別人才	360 元
7	如何處理員工離職問題	360 元
8	人力資源部流程規範化管理（增訂五版）	420 元
9	面試主考官工作實務	360 元
10	主管如何激勵部屬	360 元
11	主管必備的授權技巧	360 元
12	部門主管手冊（增訂五版）	360 元

《理財叢書》

1	巴菲特股票投資忠告	360 元
2	受益一生的投資理財	360 元
3	終身理財計劃	360 元
4	如何投資黃金	360 元
5	巴菲特投資必贏技巧	360 元
6	投資基金賺錢方法	360 元
7	索羅斯的基金投資必贏忠告	360 元
8	巴菲特為何投資比亞迪	360 元

請保留此圖書目錄：

　　　　未來在長遠的工作上，此圖書目錄

可能會對您有幫助！！

在海外出差的………
台灣上班族

愈來愈多的台灣上班族，到大陸工作（或出差），對工作的努力與敬業，是台灣上班族的核心競爭力；一個明顯的例子，返台休假期間，台灣上班族都會抽空再買書，設法充實自身專業能力。

［憲業企管顧問公司］以專業立場，為企業界提供最專業的各種經營管理類圖書。

85%的台灣上班族都曾經有過購買（或閱讀）［憲業企管顧問公司］所出版的各種企管圖書。

尤其是在競爭激烈或經濟不景氣時，更要加強投資在自己的專業能力，建議你：

工作之餘要多看書，加強競爭力。

建立企業圖書館

當市場競爭激烈時：

培訓員工，強化員工競爭力
是企業最佳對策

「人才」是企業最大的財富。如何提升人才，是企業永續經營、戰勝對手的核心競爭力。積極培訓公司內部員工，是經濟不景氣時期的最佳戰略，而最快速的具體作法，就是「建立企業內部圖書館，鼓勵員工多閱讀、多進修專業書籍」

建議您：請一次購足本公司所出版各種經營管理類圖書，作為貴公司內部員工培訓圖書。使用率高的（例如「贏在細節管理」），準備 3 本；使用率低的（例如「工廠設備維護手冊」），只買 1 本。

給總經理的話

總經理公事繁忙，還要設法擠出時間，赴外上課進修學習，努力不懈，力爭上游。

總經理拚命充電，但是員工呢？

公司的執行仍然要靠員工，為什麼不要讓員工一起進修學習呢？

買幾本好書，交待員工一起讀書，或是買好書送給員工當禮品。簡單、立刻可行，多好的事！

培訓叢書 ㊶   售價：450 元

企業培訓遊戲大全（增訂五版）

西元二○二一年十一月	增訂五版一刷
西元二○一六年五月	四版一刷
西元二○一四年十一月	三版二刷
西元二○一三年二月	三版一刷
西元二○○九年七月	二版一刷
西元二○○三年四月	初版一刷

編著：李德凱　陳文武

策劃：麥可國際出版有限公司（新加坡）

編輯：蕭玲

校對：劉飛娟

發行所：憲業企管顧問有限公司

電話：(02) 2762-2241 　 (03) 9310960 　 0930872873

電子郵件聯絡信箱：huang2838@yahoo.com.tw

銀行 ATM 轉帳：合作金庫銀行　 帳號：5034-717-347447

郵政劃撥：18410591 　 憲業企管顧問有限公司

江祖平律師顧問：紙品書、數位書著作權與版權均歸本公司所有

登記證：行政業新聞局版台業字第 6380 號

本公司徵求海外版權出版代理商 （0930872873）

本圖書是由憲業企管顧問(集團)公司所出版，以專業立場，為企業界提供最專業的各種經營管理類圖書。

圖書編號 ISBN：978-986-369-103-7